U0246810

湖北水事研究中心

湖北经济学院 中南财经政法大学共建

湖北省人文社科重点研究基地

2015 Annual Report of
Hubei Water Resources
Sustainable Development

湖北水资源可持续发展报告 (2015)

主 编 邱 秋
副主编 王 腾 陈 虹

北京大学出版社
PEKING UNIVERSITY PRESS

图书在版编目(CIP)数据

湖北水资源可持续发展报告. 2015/邱秋主编. —北京:北京大学出版社,2017.4
ISBN 978-7-301-27971-7

Ⅰ. ①湖…　Ⅱ. ①邱…　Ⅲ. ①水资源利用—可持续性发展—研究报告—湖北—2015
Ⅳ. ①TV213.9

中国版本图书馆 CIP 数据核字(2017)第 012924 号

书　　　　名	湖北水资源可持续发展报告(2015)	
	HUBEI SHUIZIYUAN KECHIXU FAZHAN BAOGAO (2015)	
著作责任者	邱　秋　主编　王　腾　陈　虹　副主编	
责任编辑	李　倩	
标准书号	ISBN 978-7-301-27971-7	
出版发行	北京大学出版社	
地　　　　址	北京市海淀区成府路 205 号　　100871	
网　　　　址	http://www.pup.cn	
电子信箱	law@pup.pku.edu.cn	
新浪微博	@北京大学出版社　　@北大出版社法律图书	
电　　　　话	邮购部 62752015　发行部 62750672　编辑部 62752027	
印 刷 者	北京大学印刷厂	
经 销 者	新华书店	
	787 毫米×1092 毫米　16 开本　11.75 印张　257 千字	
	2017 年 4 月第 1 版　2017 年 4 月第 1 次印刷	
定　　　　价	30.00 元	

"水十条"的机遇与挑战（代序）

2015 年 4 月 16 日,国务院正式发布《水污染防治行动计划》(简称"水十条")。"水十条"是继"大气十条"之后,我国又一项重大污染防治计划,是当前和今后一个时期全国水污染防治工作的行动指南。

严峻的水污染防治形势是推动"水十条"出台的直接动因。主要表现为,第一,水污染情况仍然十分严重。《2013 中国环境状况公报》显示,全国地表水总体轻度污染,主要流域受到严重污染的劣 V 类水体达 17.2％,海河流域甚至高达 39.1％,90％以上的城市水域污染严重;31 个大型淡水湖泊中,17 个为中度污染或轻度污染;全国 4778 个地下水监测点中,约六成水质较差和极差;第二,水污染事故进入高发期。近几年,中国重大环境污染以及事故频频发生,其中,水污染事故占一半左右。监察部的统计分析,国内近几年每年水污染事故都在 1700 起以上。第三,"污染型缺水"已成为制约经济社会发展的重要因素。我国水资源短缺情况较为严重,人均水资源量仅为世界平均水平的四分之一,是全球人均水资源最贫乏的国家之一,中国 658 个城市中,有 2/3 以上缺水。严重的水污染,进一步加剧了水短缺。水是生命之源、生产之要、生态之基,是经济社会发展不可替代的基础支撑。水污染不仅事关到防洪、供水、粮食等安全,而且关系经济安全、生态安全、国家安全。相比已经得到足够重视的空气污染问题,从长期危害性和治理难度等方面看,水污染问题更值得关注。

"水十条"出台也是重拳治水,对水污染边治理边恶化的应急反应。早在 1995 年,我国就启动了以"三河三湖"治理(三河:辽河、海河、淮河,三湖:太湖、巢湖、滇池)为代表的大规模水污染治理,但是这些区域目前仍然处于严重污染的状态。主要原因在于:第一,当前严峻的水污染现状,是长期累积性问题的爆发,历史欠账客观上难以在短期内得到扭转;第二,水污染防治手段单一,过于依赖政府,市场手段较少,水环保产业不够发达,未能实现政府、市场、公众的多元共治,水污染治理在经济上缺少"造血"机制,难以形成良性循环;第三,水污染治理体制不顺,九龙治水,政出多门,权力的相互冲突和牵掣明显,流域治理和区域治理结合不力,水资源管理和水污染防治法律分割,难以形成合力;第五,水污染防治执法不力,法律责任追究力度不够,纠纷解决机制的司法化受到限制,尤其是公益诉讼的瓶颈长期存在。

2015 年是新《环境保护法》的实施年,也是环境公益诉讼的破冰之年。在此背景下,

"水十条"直指水污染防治领域的重大现实问题,通过政策引导,全面尝试新的治水理念,制定了系统性的治水措施,将"最严格的水资源管理"的实施机制落到实处,是水污染治理的重大机遇。据测算,"水十条"的颁布实施,将为水资源保护领域带来近两万亿元的投资数额。"水十条"聚焦于水污染源头排放、水资源保护、水安全保障关键要素,强化市场机制作用,以执法、管理,责任追究和公众参与为抓手,引领经济的转型和升级,较为全面,跳出就水论水的怪圈,将水污染治理、水资源保障、水安全维护融合到整体经济转型、国家治理能力现代化的层面来看待,体现出系统治理、底线思维。

"水十条"是水污染治理的纲领性文件,关于水污染治理的规定堪称"史上最严",其"落地"实施也面临诸多挑战,关键是狠抓落实。第一,用好用足新环保法赋予的职权和手段,特别是环境影响评价制度、流域限批制度、按日计罚制度等;第二,加强对地方政府的责任追究,严格执行环境考核制度、环境审计制度、终身追责制度;第三,夯实"政府统领、企业施治、市场驱动、公众参与"的水污染防治新机制,特别是探索做大做强水环保产业的途径和模式;第四,以流域管理为难点和突破点,将流域管理与区域管理相结合的现代流域管理体制落实到制度层面;第五,完善政府职能部门之间的横向协作机制,探索适合中国国情,在实践中行之有效的横向协作模式及法定程序;第六,建立水环境政策评估制度,对经济、社会可能产生重大影响的环境标准、环境政策,进行必要的政策前评估和后评估,避免水环境政策片面追求严格,脱离经济社会发展的实际,提升水环境政策的实效;第七,适时修改《中华人民共和国水污染防治法》,将"水十条"中行之有效的制度予以法律化。

水是湖北生态之魂,治水是湖北为政之要,民生之本和兴盛之基。"水十条"在湖北"落地"有着良好的前期基础,但是,从政策机遇转化为发展实践还任重道远。湖北在国家大力推进生态文明建设总体战略布局中勇当重任,着力打造长江中游生态文明示范带,挺起长江经济带"脊梁"的战略规划,要求湖北的水污染防治远超全国平均水平。然而,湖北亦是长江中游的经济重心和人口大省,随着湖北经济社会的快速发展,水污染防治不断遭遇严峻挑战。据《2015年湖北省环境质量状况》的公告显示,2015年,湖北主要河流断面中Ⅳ类与Ⅴ类水不降反升,分别同比上升0.6个百分点与1.8个百分点;主要湖泊、水库中,Ⅰ类、Ⅱ类水域同比下降3.2％与下降3.2％,劣Ⅴ类占同比上升3.2个百分点,与2014年相比,主要湖库总体水质有所下降。尽管湖北有着较为完备的水污染防治政策和法律,《湖北省湖泊保护条例》与《湖北水污染防治条例》等在全国具有示范意义。但是,这些数据说明,湖北水污染防治的现实状况与政策法律的预期尚有不小差距。要让"水十条"真正在湖北好用、管用,还需要对这些代表性政策和法律进行后评估,发现其与现实的脱节之处,并予以修改。

2015年5月,中心主任吕忠梅教授因工作原因调任全国政协社会和法制委员会驻会副主任。作为中心的创立者和领路人,七年来,老师率先垂范,精心培育了一支持续关注湖北的水问题、做湖北的水调查、写湖北的水文章的研究团队,为湖北水资源保护的可持续发展以及中心建设倾注了大量心血,做出了重大贡献。老师赴京履新,但湖北水事研究中心依然是老师不变的学术牵挂。2015 年 11 月,老师作为首席专家带领中心研究团队获得国家社科基金重大项目立项;2015 年 12 月,以学科带头人身份入选中宣部文化名家暨"四个一批"人才工程,并于 2016 年 6 月入选"万人计划"哲学社会科学领军人才,这是中心入选国家高层次人才计划的重大突破。借此报告付梓之机,向老师致以热烈的祝贺,祝愿老师在新的征程中再谱华章!祝愿湖北水事研究中心在老师的带领下,在新的起点上砥砺奋进,做好湖北水文章!

邱秋

2016 年 12 月 30 日于汀兰苑

目　　录

总报告

湖北湖泊保护体制机制现状、问题及对策

湖北是"云梦泽国",湖泊星罗棋布。湖泊功能及类型的多样性是湖北经济社会可持续发展的有力支撑。20世纪50年代,湖北曾有0.1平方公里以上大小的湖泊1309个,湖泊总面积8503.7平方公里。然而,自20世纪50年代以来的大规模的围垦,导致湖北湖泊数量下降了45%,湖泊容量下降了51%,湖泊面积大幅缩减了60%。加强湖泊保护和治理,是关系湖北经济社会可持续发展的大事。2012年,湖北通过了史上"最严"的湖泊保护条例,理顺了湖泊保护体制机制。几年过去了,这些机制运行得如何?湖北水事研究中心通过走访和实地考察,分析了湖北省现有湖泊保护的机制存在的问题及原因,提出了进一步完善湖泊保护体制机制的对策建议。

湖北湖泊保护体制机制现状、问题及对策[*]

《湖北省湖泊保护体制机制研究》课题组

湖北省因"湖"得名,它地处长江中游洞庭湖以北,亚热带季风气候腹地,雨量丰沛,东部、西部、北部三面环山,中南部为开阔的河湖相沉积平原,长江横穿其境,汉江纵贯腹中,形成了水系发达、河流纵横、两江(长江、汉江)交汇,湖泊星罗棋布的格局。湖泊是水资源的重要载体,是自然生态系统的重要组成部分,在调蓄洪水、提供水源、交通航运、美化景观、休闲娱乐、渔类繁衍、水产养殖以及提供生物栖息地、维护生态多样性、净化水质、调节气候等方面发挥着不可替代的作用。加强湖泊的管理和保护,维护湖泊健康可持续发展,直接关系到流域居民的生产生活,关系到湖北经济社会发展,是完成建设生态湖北任务的一项重要基础性工作。

为了全面了解湖北省湖泊保护工作情况,自 2014 年 7 月 3 日至 9 月 3 日期间,课题组成员通过走访武汉、咸宁、黄石、黄冈、荆州、孝感等地,在实地考察以梁子湖、汤逊湖、洪湖等 18 个湖泊为样本的湖泊保护情况的基础上,分析了现有湖泊保护体制机制存在的问题以及产生的原因,并据此提出完善湖泊保护体制机制的对策建议。

一、湖北省湖泊保护现状

(一)湖北省湖泊概况——以样本湖泊为例

湖北省湖泊几乎全部分布在沿长江、汉江两岸,海拔 50 米以下的平原区,统称江汉平原湖区。湖北省湖泊是在云梦泽大水面淤浅和肢解与江汉盆地新构造运动不断下沉的背景下形成的。全省湖泊除少数为古云梦泽的残迹外,大多为在古云梦泽的洼地内以及岗地边缘洼地内形成的新湖泊。

虽然湖北在历史上有"千湖之省"的美誉,但由于 20 世纪 50 年代末至 60 年代初和"文化大革命"期间人为活动及自然淤积等原因,省内湖泊面积不断萎缩,不少中小型湖

* 本报告为湖北经济学院承担的湖北省重大调研课题——《湖北省湖泊保护体制机制研究》最终成果。项目主持人:吕忠梅,湖北水事研究中心首席研究员;课题组成员:王腾、袁文艺、邱秋、严念慈、张全红、杨柯玲、王倩、嵇雷(湖北水事研究中心研究员)。文章受湖北水事研究中心科研项目经费资助。

泊消亡。据湖北省水利厅《湖北省湖泊变迁图集》(1950—1988)资料,20 世纪 80 年代,全省水面面积 100 亩以上的湖泊有 843 个,其中水面面积 5000 亩以上的湖泊 125 个。根据正在开展的湖北省河湖基本情况普查初步统计,湖北省现有常年水面面积 1 平方公里(1500 亩)以上的湖泊 260 个,常年水面面积 10 平方公里(15000 亩)以上的湖泊 51 个,20世纪 80 年代至 2012 年湖泊总面积净减 277 平方公里。[①]

1. 湖泊分布情况

本次调研按照湖北流域内的湖泊分布,根据自然类型、功能定位以及主管部门的不同,选取了武汉、咸宁等六市具有典型代表性的 18 个湖泊作为调研目的地。详见表 1:

表 1　湖泊区位分布情况[②]

行政区	湖泊名称	面积（平方公里）	湖泊位置	备注
武汉	梁子湖	271	武汉市江夏区、鄂州市梁子湖区	跨市湖泊
	汤逊湖	47.6	东湖新技术开发区洪山街、江夏区	城中湖
	鲁湖	44.9	江夏区金口镇	
咸宁	斧头湖	126	武汉江夏区、咸宁咸安区、嘉鱼县	跨市湖泊
	西凉湖	85.2	嘉鱼、咸安区、赤壁	
	大岩湖	7.33	嘉鱼县高铁岭、陆溪镇	
黄石	大冶湖	54.7	大冶市、阳新县	
	三山湖	20.2	黄石市大冶市、鄂州市鄂城区	跨市湖泊
	保安湖	45.1	黄石市大冶、湖北鄂州市	跨市湖泊
黄冈	龙感湖	60.9	黄梅县龙感湖管理区	跨省湖泊
	赤东湖	39.0	蕲春县蕲州镇	
	遗爱湖	3.16	黄冈市高新区	城中湖
荆州	洪湖	308	洪湖市	
	长湖	131	荆州市沙市区、荆门市沙洋县、潜江市	跨市湖泊
	淤泥湖	18.1	公安县孟家溪镇	
孝感	汈汊湖	48.7	汉川市汈汊湖养殖场	
	野猪湖	23.4	孝南区野猪湖养殖场	
	王母湖	8.88	孝南区毛陈镇	

课题组所调研的 18 个湖泊既包括目前湖北省湖泊面积最大的五个湖泊——洪湖、梁子湖、长湖、斧头湖、西凉湖,也有如王母湖、遗爱湖等在市域范围内的小型湖泊;从区位上看,既有分布于长江、汉江沿岸的通江湖泊,如洪湖,也有分布于山丘区到平原区过渡地带的湖泊,如长湖、梁子湖、斧头湖、西凉湖等,还有位于平原腹地地势低洼区域的湖泊,如汈汊湖等;既有城中湖,也有跨市、跨省湖泊,基本上涵盖了湖北省湖泊的所有自然类型。因此,本次调研所选取的样本湖泊具有较强的代表性,调研结论能够反映全省湖泊保护的总体情况。

---

① 数据来源于 2013 年 10 月湖北省水文水资源局朱志龙的报告《建国以来湖北省湖泊变迁综述》。
② 表 1 内容根据湖北省 755 个湖泊名录全表(2012 年)整理。

2. 湖泊水质情况

随着湖北省人口增加和城镇化进程的加快,湖泊流域水体污染状况加剧,水资源保护受到严重威胁。在调研的样本湖泊中,除梁子湖、斧头湖、淤泥湖水质总体尚好,暂能满足取水要求外(丰水期部分为 II 类),其他如鲁湖、西凉湖、大岩湖、龙感湖等水质为 III 类,洪湖、保安湖、三山湖、王母湖等为 IV 类,大冶湖、汤逊湖、野猪湖、遗爱湖为 V 类水质,汈汊湖、赤东湖、长湖甚至为劣 V 类水质,已无法满足作为饮用水源地的水质要求。

3. 湖泊功能现状

湖泊是由湖盆、湖水和水中所含物质组成的自然综合体,湖泊包含着丰富的水利资源、矿产资源和生物资源等,是大自然赐予人类非常宝贵的"天然财富"。通过调研发现,湖北湖泊的开发利用功能主要涉及防洪排涝、供水、养殖种植、景观旅游、航运等五大类。

湖北的湖泊在径流调节、防洪调蓄,保障防洪安全方面发挥了重要作用。如 18 个样本湖泊全部具有防洪排涝、调蓄以及渔业养殖和种植功能;具有供水功能的湖泊有 15 个,占总比的 88%,其中农业灌溉供水湖泊有 15 个,兼具农业灌溉供水和生活及工业供水的湖泊 5 个;具有旅游景观功能的有 10 个;具有航运功能的有 6 个。从统计结果分析可以看出,湖北省湖泊最重要、最普遍的功能就是防洪蓄洪、渔业养殖种植,同时绝大部分湖泊也提供灌溉及供水功能。

4. 湖泊保护机构与人员现状

为了全面了解湖北省湖泊保护体制机制情况,课题组对 18 个湖泊的保护机构与管理人员情况作了详细的调研,其中龙感湖跨湖北、安徽两省,湖北境内的龙感湖管理机构为龙感湖管理区和湖北龙感湖国家级自然保护区管理局,安徽境内的湖泊管理机构未调研。

调研显示,水利、水产、林业均有与湖泊管理和保护相关的机构。很多以养殖业为主的湖泊管理机构并没有专门的人员编制,如大岩湖、三山湖、淤泥湖、汈汊湖。对于跨市、跨流域甚至跨省的湖泊而言,管理部门众多,参与湖泊管理人员无法统计。如洪湖、长湖这两个跨流域较长、面积较大的湖泊,有多个部门、多个地域的管理者都参与湖泊的保护管理工作,形成多龙管湖的局面。

(二)湖北省湖泊保护体制机制现状

1. 湖泊保护制度保障

2012 年 5 月 30 日,湖北省十一届人大常委会第三十次会议审议通过了《湖北省湖泊保护条例》(以下简称《条例》),结束了湖北湖泊保护"无法可依"的被动局面。与此同时,湖北省政府出台了《关于加强湖泊保护与管理的实施意见》,明确了湖泊保护与管理的指导原则和重点内容。

2. 湖泊保护责任体系

湖北省横向到边、纵向到底的湖泊保护责任体系网正在逐步延伸和完善。《条例》通过列举的方式,明确湖北省各涉湖管理单位的湖泊保护职权范围与责任。湖北省政府与相关各市政府,市政府与相关县(市、区)政府签订了湖泊保护责任状,行政首长对辖区内湖泊保护工作负总责,实行了任期目标考核责任制。如武汉市已将湖泊保护工作纳入市考评绩效办组织的市绩效考评指标;黄石市在对县(区)党政领导班子经济社会发展百分制综合考评体系中,湖泊保护占了3%的比重。

3. 湖泊保护管理机构

自《条例》实施以来,湖北省各级湖泊保护管理机构得到进一步明确和健全。省级层面上,湖北省湖泊局于2013年4月正式组建,负责全省湖泊的统一管理、保护与治理。市级层面上,各地都陆续建立了专门的湖泊管理机构,如武汉市在原水政执法总队基础上组建了市湖泊管理局;黄石市水利水产局加挂了湖泊局牌子;鄂州市成立了湖泊管理局;大冶湖管理局已报市委常委会议讨论通过;孝感、黄冈等市也都在积极筹划组建湖泊局。

4. 湖泊保护联动机制

湖北省成立了湖泊保护与管理领导小组,作为湖泊保护最高协调机构。省长亲自担任组长,省政府和省发改委、省公安厅、省财政厅、省人社厅、省国土资源厅、省环保厅、省住建厅、省交通运输厅、省水利厅、省农业厅、省林业厅、省旅游局等13个相关单位负责人为领导小组的成员。武汉、咸宁、黄石、黄冈、孝感成立了湖泊保护领导小组,武汉市与孝感市建立了湖泊保护联席会议制度,实行部门联动机制,有序解决湖泊保护过程中遇到的各种问题。

5. 湖泊保护投入机制

近年来,湖北省通过各种渠道不断加大湖泊保护投入。截至2015年9月,省发改委会同相关部门争取涉湖城镇生活污水垃圾处理设施项目、实施湿地保护与恢复工程资金共11.39亿元。省财政厅安排湖北资源环境调查与利用研究经费1100万元,湖泊保护监控系统建设经费644万元,自2014年起每年安排湖泊保护项目经费100万元。全省有8个市将湖泊保护经费纳入财政预算,2014年共列支24307万元。

6. 湖泊保护监管机制

湖北全省涉湖市全部建立了湖泊巡查制度。截至目前,有48个县(市、区)建立了湖泊巡查和月报制度,市、县两级共开展湖泊巡查活动5300余次,发现违法、涉湖案件76起,查处案件42件。各地还加强涉湖工程建设管理与监督,发现违法、违规涉湖工程5个并全部进行了查处。湖北省环保厅严格落实《条例》中有关环境准入管制政策,停止受理湖泊流域内新建造纸、印染、电镀等排放含磷、氮、重金属等污染物的企业和项目环评审批。

7. 湖泊保护公众参与机制

湖北通过建立民间"湖长"与举报奖励制度,不断完善湖泊保护公众参与机制。截至2015年9月,全省参与湖泊保护志愿者达1097人,聘请了民间"湖长"142人。全省有6个市、30个县(市、区)设立湖泊违法行为举报制度,已受理并处理举报219件,湖泊保护公众参与积极性不断提高。

二、湖北省湖泊保护体制机制存在的问题

自《条例》颁布后两年内,各地各相关部门做了大量工作,取得了明显成效,但还存在管理体制不顺、责任落实不够、湖泊过度开发、水质污染严重、生态功能退化、整体协调不力、湖泊保护投入不足等问题,湖北省湖泊保护形势仍然严峻,湖泊保护任重道远。

(一) 湖泊保护体制不顺、责任机制不健全

1. 多头管理、地域分割,湖泊保护体制尚未理顺

《条例》在明确水利部门作为湖泊保护主管部门的同时,也明确了环保、农业、林业等有关部门的责任,初步建立了责权明晰的湖泊管理体制。但从调研情况看,目前湖北省湖泊保护"多头管理,各自为政"的体制尚未改变,在实施过程中仍然存在部门分割与地域分割的问题。

(1) 功能管理部门分割。湖泊资源属于农业、水利、环保、林业等多个部门管理。如梁子湖归省农业厅水产局管理,主要定位为渔政管理;洪湖湿地管理局归省林业厅管理,主要定位为湿地保护。在调研的18个湖泊中,有5个湖泊是由水产部门建立的国有渔场直接或间接参与经营管理,如汈汊湖由汉川市汈汊湖养殖场管理,长湖沙洋部分水域由长湖渔政站管理,三山湖由武昌鱼集团管理,淤泥湖由公安县淤泥湖渔场管理,大岩湖又大岩湖养殖场管理,其他调研湖泊大多也按照其蓄洪、水产养殖、航运、灌溉、休闲旅游等多种功能分属不同部门管理,虽然《条例》对每个部门的湖泊保护管理职责进行了划分,但每个部门都按照自己的意愿和法规去管理湖泊,在执法过程中发生冲突的情况仍然普遍存在。

(2) 流域管理地域分割。湖泊管理跨行政区域之间协调性较差,缺乏从流域角度进行水资源保护和污染治理的统一性。如长湖跨荆州、荆门、潜江三市,从20世纪80年代后期以来,一直实行"分级、分部门、分地区管理三结合"的管理模式,荆州市设立了四湖管理局,荆门市设立了长湖渔政船检港监管理站,都是湖区管理机构,而长湖的出入涵闸、泵站、河道、堤防等又分属其他不同的管理机构管理。这种"各管一环、各管一段、多头管理、各自为政"的模式,使得各管理主体之间职责、权限不明,对湖泊价值、功能判断及管理目标差异较大,导致管堤防的不管水面,管水面的不管水质,管水质的不管功能,各地区、各部门之间工作上各行其是,互相推诿、扯皮的现象时有发生。

2. 考核制度缺失,湖泊保护责任无法兑现

《条例》在明确水利部门为湖泊保护主管部门的同时,明确环保、农业、林业、城建等相关部门各负其责,却没有规定水利部门对其他涉湖管理部门的约束措施,也没有明确其他湖泊保护部门在不履行各自职责的情况下应当承担的具体责任,这就导致了水利部门的湖泊主管机构地位无法得到落实,如全省最大的湖泊——洪湖、第二大湖——梁子湖的管理权限均不在水利部门,而是分属林业和渔业部门,在当前湖北省分级管理、考核办法等配套措施没有出台的情况下,湖泊保护部门之间的责任分担机制无法真正建立。

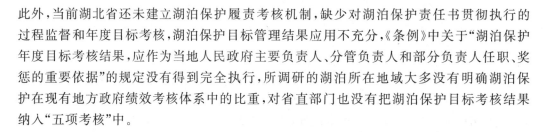

此外,当前湖北省还未建立湖泊保护履责考核机制,缺少对湖泊保护责任书贯彻执行的过程监督和年度目标考核,湖泊保护目标管理结果应用不充分,《条例》中关于"湖泊保护年度目标考核结果,应作为当地人民政府主要负责人、分管负责人和部分负责人任职、奖惩的重要依据"的规定没有得到完全执行,所调研的湖泊所在地域大多没有明确湖泊保护在现有地方政府绩效考核体系中的比重,对省直部门也没有把湖泊保护目标考核结果纳入"五项考核"中。

（二）机构不全,人员不足,湖泊保护任务难以完成

从调研情况看,湖北省湖泊保护局要求县级以上政府成立专门的湖泊管理机构,目前只有武汉市和鄂州市成立了独立的湖泊管理局,黄石市水利水产局加挂"黄石市湖泊管理局"牌子,但鄂州与黄石的湖泊管理机构实际尚未正式运行。其他有的地方在水利部门下设湖泊管理科,多数地方未成立专门的湖泊管理机构。另外,尽管各地水利部门都重视加强了湖泊保护工作,部分市州也将相关职能明确给了专门的科室和人员,但由于当前水利事业任务已十分繁重,兼职或极少的专职人员根本无力承担越来越系统化、复杂化的湖泊保护任务,使省湖泊局根据实施《条例》需要布置的许多工作在基层无法全面展开,很多日常管理工作未能真正规范开展起来。一些市（州）成立或明确了湖泊专管机构,但机构编制不足,本级经费落实有限,使其履行《条例》规定的湖泊保护职责有一定困难,无法完成省政府下达的"保面积、保水质、保功能、保生态、保可持续利用"的任务。部分由国有渔场管理的湖泊,如三山湖、汀汊湖、淤泥湖、大岩湖均未设立专门的湖泊保护人员编制。缺人缺装备,执法保障不足,客观上也使得水利部门的执法工作受到一定影响,对湖泊保护面临的矛盾和问题,对部门之间推诿扯皮的事项往往心有余而力不足,无法有效处理。

（三）湖泊保护机构之间协调不力,联动不畅,合力保护还有待时日

1. 联动不畅,涉湖管理机构合力保护湖泊缺乏保障

由于水利部门湖泊保护主导地位尚未实现,导致各管理部门涉湖执法仍然存在联动不足,各自为政的情况。

（1）部门利益与区域利益不同导致联动执法动力不足。湖泊保护部门开展的各项执法活动与部门利益联系紧密,即与自身利益相关的就严管、多管,与自身利益无关的就少管、不管。如环保部门只管陆域污染,水产部门只管湖面是否被渔民违规圈占,水利部门主要管理涉湖水利工程、填湖或围垦等,在梁子湖流域,一些地区的执法监督部门对造成本地区污染者严查、严处,对造成外部地区污染者宽查、宽处,调研发现,梁子湖区环境保护主管部门到梁子湖上游的外市企业调查取证,外市企业不予配合,这表明区域之间环保执法还没有形成联动机制,污染的外部性由别人承担。

（2）执法力量不均衡导致联动不足。鄂州市的湖泊保护巡查依靠的是原水利部门的执法力量,而大冶湖则是依靠渔政部门的执法力量,环保、国土、交通（海事）、建设等部门基本没有设立专门的湖泊管理单位及执法队伍,联动执法缺乏人员与机构保障。

（3）执法机构级别差异导致联动执法无法开展。如大冶湖管理处是大冶湖的直管机构,按照《条例》实施湖泊保护联动时,时常出现低级别机构联动或协调高级别机构的尴尬局面,管理处是一个科级单位,职工十余人,难以协调沿湖乡镇以及黄石市政府的湖泊执法工作。

（4）湖泊保护日常巡查缺乏联动。武汉市于2012年开始实施《湖泊保护和管理联合执法制度》,但只要求湖泊保护和管理的联合执法每半年开展一次,大量日常巡湖执法工作缺乏联动保障。

2. 联席会议制度执行不力,各类涉湖规划难以协调一致

按照《条例》要求,湖北省各地都建立了湖泊保护管理联席会议制度,建立该制度的目的是在既不打破各有关地区现有湖泊管理体制,又不改变各有关部门涉湖管理职能的前提下,提供一个制度平台,把各个地区和各个部门涉湖管理的职能整合在一起,通过沟通协商,统一认识,统一规划,整合资源,分工负责,协调行动,形成齐抓共管、综合治理的局面,提高湖泊管理保护与开发利用的效率和效益。然而,目前湖北省各地在实施这一制度方面依然存在较大问题,主要表现在联席会议重讨论轻落实。调研发现,由于各部门之间、地域之间湖泊管理职责与利益不同,在会议上提出的议题大多面临三种结果:一是因得不到部分联席部门的同意无法形成决议;二是参与会议的人员无法左右会议决议的最终形成,联席会议的作用流于形式;三是即使形成决议,由于部分部门不落实而使得决议所要求达到的目的落空。造成以上结果的原因是联席会议缺乏对参与部门的约束机制。

联席会议制度执行不力导致了湖泊规划难以协调一致。按照《条例》的规定,湖泊保护部门在制定各类规划时,应与其他涉湖保护部门联合协商,保证规划之间的协调一致,但调研发现,各部门在规划编制以及规划实施过程中缺乏协调,有时存在各自为政、互不通气的现象;在规划管理中,由于湖北省湖泊保护总体规划尚未出台,各项专项规划编制的合理性缺乏评价依据,因此,许多地方存在重规划编制,轻规划实施与评估的情况,从而使各类规划之间难以实现协调。对于跨流域的湖泊,由于涉及多个行政区域,联席会议的作用也没有得到充分体现,比如梁子湖是湖北省较早建立联席会议制度的流域之一,但目前该制度设计没有达到预期目标,经调研发现,由于沿湖各区域和各部门在政策或各自利益上还存在不一致的地方,难以协调统一,致使部分水环境治理项目工程难以在规定的时间内完成;目前对梁子湖的环保标准也不统一,江夏区水域为Ⅱ类,鄂州市为Ⅲ类,其原因便是两地湖泊监测信息缺乏协调沟通。

（四）湖泊保护资金投入渠道不明,经费不足

湖北省和多市、县财政均没有安排湖泊保护防洪工程和生态修复与治理、保护专项资金,也没有明确经费列支渠道,全省湖泊保护水利工程建设与修缮缺乏资金保障。全省湖泊堤防普遍存在堤身断面未达标、湖堤矮小、堤身单薄且局部欠高等情况,密实度不够,部分堤岸风浪侵蚀严重,每年汛期堤身散浸、脱坡、堤顶漫水等险情时有发生。穿堤建筑物老化,存在大量工程隐患,许多湖泊闸站建于20世纪六七十年代,年久失修,闸门

漏水、泵站穿堤，管道渗水，遭遇高洪水位时险象环生。由于缺乏资金支持，斧头湖与西凉湖防洪标准普遍不足，稍遇较大洪水，湖区及上游部分区域洪水泛滥，致使湖区人民生命财产安全受到侵害，甚至于威胁到咸宁城区的防洪安全，同时两湖区域排涝标准偏低，其82处主要排涝闸站均建于20世纪70年代末，多数闸站带病运行；针对四湖流域的调研我们发现了同样的问题，按照《长江流域防洪规划》要求，"按照100年一遇洪水标准加高加固荆州北面濒临长湖的长湖湖堤、太湖湖堤"，由于资金投入不足，目前长湖只有约20年一遇的防洪标准。长湖湖堤全长49.391公里，按50年一遇防洪标准，堤顶高程应达到34.5米，目前仅22公里达标；有11座病险涵闸急待整险加固。

（五）湖泊保护公众参与不够

调查显示，当前对湖泊保护的宣传呈现出政府重视，而公众不够重视；城市居民比较重视，但农村居民不够重视的特点。沿湖的政府、居民和企事业单位，都是湖泊保护的利益相关方和参与者。公众参与度不够有三方面的原因：一是保护意识不足。经调研发现，多数受访居民对于渔业养殖包括围栏养殖对湖泊污染的程度认识不深，在孝感汈汊湖进行调研时，当地渔民包括汈汊湖养殖场政府机构行政人员均认为螃蟹、莲藕等不仅不会污染湖泊，还能保护湖泊，绝大多数社区居民认为湖泊保护工作应由政府负责，而与自己无关。二是舆论宣传不到位。"千湖新记"等省级主流媒体上的宣传报道，基层干部和居民很少有人关注，对自身所在地域的湖泊污染与保护情况了解不多。三是参与动力不足。主要是由于缺乏相应的激励机制，《条例》设计的举报有奖制度没有得到贯彻落实。在对鄂州三山湖等地的调研过程中，沿湖居民包括围栏养殖户都不知道《条例》及湖泊保护的相关政策，也不知道围栏养殖及围湖造池是违法行为。湖泊是祖辈留下来的、靠湖吃湖等观点依然根深蒂固。围栏养殖大户一般都是湖区有影响的人物或乡村干部，每个围栏后面都有入股投资者，对他们而言从养殖中保证利益最大化是其理性选择。同时，即使不存在利益关系，在基层农村的熟人社会里，村干部、村民包括一些乡镇干部对一些违法填湖、或投肥养殖的行为，因为违法者都是乡里乡亲，事不关己，都不愿意去干预和举报。

（六）水质良好湖泊"优先保护"的顶层设计不足

湖北省湖泊的成因、类型多种多样，不同湖泊的利用和保护方式必然有所不同。但是，目前湖北并没有建立统一的湖泊分类保护标准，不同类型的湖泊在保护体制机制趋同，保护的针对性与实效性不强。尤其是针对面积较大、水质良好且具备重要生态功能的湖泊，由于没有完善的分类重点保护的体制设计，导致湖泊的多头管理、分别管理，"良好湖泊、优先保护"的管理理念与保护目标无法得到实现。如梁子湖等重点湖泊目前尚未出台单独立法，流域湖泊综合保护缺乏制度保障，同时，梁子湖流域也缺乏长期性的流域综合性规划，目前实施的《梁子湖生态环境保护规划（2010—2014）》只做了5年规划，2015年也已到期，其他现有的各类专项规划大多湮没于省市以及各部门的其他规划内容之中，目标不明确、要求不具体，且存在相互冲突的情况。另外，在湖北省重点湖泊保护及其治理规划中,山水田林湖统筹协调系统性不够,仅仅考虑湖泊自身,治理缺乏流域统一性,编制的规划较为局限,系统性、统筹性不够,对如何将山水林田湖作为一个系统来研究、规划、布局,在顶层设计与实践中尚需进一步探索。

三、湖泊保护体制机制的对策与建议

加强湖泊治理,迫切需要全面贯彻落实习近平总书记提出的"节水优先、空间均衡、系统治理、两手发力"治水战略思想,结合湖北的省情与水情,树立"绿色决定生死"的理念,共同治湖、系统保湖、科学用湖,积极把握和顺应经济规律、自然规律、生态规律,坚持用问题导向、底线思维、系统意识来统筹考虑解决湖泊保护问题,建立事权清晰、权责一致、规范高效、监管到位的湖泊保护体制机制,推动构建湖泊保护科学的规划体系、严格的责任体系、完备的工程体系、规范的管理体系、健全的法治体系、高效的监控预警体系等六大体系,真正实现让千湖之省碧水长流。

(一)加快机构整合,实现分级管理

1. 整合湖泊保护机构

湖北省政府要根据《条例》第 5 条的规定,明确跨市湖泊的保护机构和管理职责。在全省 15 个跨行政区域湖泊中,已设立管理机构的洪湖湿地管理局、梁子湖管理局,其职责定位不应仅仅限于湿地保护与渔政管理,应当增加并承担起湖泊保护的职责,另外 13 个跨行政区域湖泊应尽快明确保护机构和职责。其他湖泊按分级管理原则,由市、县两级政府整合现有的渔业管理机构或水利工程管理单位,承担湖泊保护职责,并加强责任考核。

2. 完善湖泊分级管理体制

《条例》第 5 条规定:"县级以上人民政府应当加强对湖泊保护工作的领导,将湖泊保护工作纳入国民经济和社会发展规划,协调解决湖泊保护工作中的重大问题。跨行政区域的湖泊保护工作,由其共同的上一级人民政府和区域内的人民政府负责。"该条为确立湖北省湖泊分级管理体制提供了法律依据,建议按此条款要求尽快出台《湖北省湖泊保护分级管理办法》,该《办法》应明确分级管理的主体与原则;明确不同级别主体的湖泊保护范围及职责,其中湖泊保护范围应为《湖泊保护名录》公布的 755 个湖泊,省管湖泊为跨流域、跨省行政区、跨市行政区的湖泊,市管湖泊为跨县行政区的湖泊,以及市人民政府根据本地实际决定由市人民政府管理的湖泊,县管湖泊为省管、市管以外的所有湖泊,以上各级湖泊管理范围应以《湖泊分级管理表》的形式予以明确,并明确各级湖泊保护部门的职责。

(二)完善湖泊保护工作责任与考核机制

1. 完善湖泊保护行政首长负责制

省内重点湖泊由湖北省省长担任"总湖长",对湖泊保护管理工作负全面领导责任,省人民政府分管湖泊保护管理工作的副省长为全省湖泊保护管理工作的直接领导责任人，对湖泊保护管理工作负直接领导责任。省管重点湖泊应实行流域与湖泊综合管理，沿湖以及湖泊来水流域各市市长为湖泊保护直接管理责任人；对于其他湖泊而言，湖泊所在各市、区、县人民政府行政首长任湖泊的"总湖长"，对湖泊保护管理工作负全面领导责任；市、区、县人民政府分管湖泊保护管理工作的行政领导班子成员为该行政区域湖泊保护管理工作的直接领导责任人，对湖泊保护管理工作负直接领导责任；街道办事处行政主要负责人、乡镇长为本辖区内湖泊的湖长，对辖区内的湖泊保护管理工作负直接责任。对于跨界湖泊而言，沿湖各行政区域行政首长为该湖段湖长。同时，要落实《湖泊保护责任书》，明确各级行政首长湖泊保护责任范围。总湖长负责将湖泊保护工作纳入相应行政区域内国民经济和社会发展规划、年度计划，完善市级湖泊保护管理机构，协调解决湖泊保护与治理的重大问题。湖长全面负责辖区内的湖泊保护管理工作，比如负责组织编制湖泊保护总体规划，建立湖泊保护联动机制，负责湖泊保护资金的筹措与预算编制，对于跨界的湖泊，跨界沿湖各行政区域的湖长按照地域范围，负责各自辖区范围内的湖泊保护管理工作，同时，还需履行湖泊各跨界行政区域联动保护责任。

2. 健全湖泊保护目标责任考核机制

政府责任制度是《条例》确立的重要创新性制度，政府责任的落实效果、考核的严格程度、考核程序的完善与否是理顺湖泊保护体制机制的前提与关键，《条例》第 6 条第 2 款规定："上级人民政府对下级人民政府湖泊保护工作实行年度目标考核，考核目标包括湖泊数量、面（容）积、水质、功能、水污染防治、生态等内容。具体考核办法由省人民政府制定。"按照该条要求，湖北省政府应加快制定《湖泊保护工作年度目标考核办法》（以下简称办法），落实地方政府的考核机制与责任。对省级管理湖泊，省政府要强化对省直有关部门履行湖泊保护职责情况的考核，将其纳入省直"五项考核"计分范围，实行湖泊保护绩效目标管理，省政府要严格按照《湖泊保护责任书》要求，加强对下级政府的综合管理考核，对于重点湖泊的保护应纳入该市领导班子考核指标体系中，并占不少于 3％的比重（参照黄石市的标准），对于因沿湖所在政府保护不力或决策失误导致水体严重污染，水生态严重恶化，面积急剧萎缩，防洪调蓄功能遭受严重破坏等重大湖泊保护事故时，省政府应对该级政府领导班子实行"一票否决"制，市长应给予相应的政纪处分，市分管湖泊保护工作的副市长应引咎辞职，对设立专管机构的重点湖泊发生严重污染事件的，要按照其职权责任范围对其进行追责，存在刑事违法犯罪的，应及时移交司法机关处理；对市、州以下管理的湖泊，要通过制定湖泊保护考核办法明确湖泊保护在政府工作综合管理考核评分指标体系中的比重，在沿湖行政区域内，实行湖泊保护任务的量化分解，明确部门具体职责与考核指标，结合政府治庸问责机制，按季度对涉湖管理部门进行督查与考核，并通过"以奖代补"形式对排名靠前的下级政府给予奖励，同时在媒体上公布考核结果。年终对在湖泊保护管理工作考评中获得先进的个人、部门和单位进行奖励，按要求向政府治庸问责办公室或人大湖泊保护督查组报告考评结果。对于有专管机构的一般湖泊，依照其被授予的职权予以考核，具体考核标准与办法参照涉湖管理职能部门执行。

（三）坚持规划先行，强化系统治理

湖北省政府要督促县级以上各级政府尽快完成本行政区域湖泊保护总体规划编制工作，对列入全省湖泊保护名录的755个湖泊要逐一编制保护详细规划，应按照山水林田湖是一个生命共同体的系统思想，科学编制湖泊规划，确定湖泊保护范围，明确湖泊保护区和湖泊控制区，划定湖泊保护的护水红线、护土蓝线和护林绿线，合理确定湖泊开发利用、生态保护、岸线利用等控制指标，勘界定桩，设立保护标志，并以夯实筑牢环湖路的形式永久锁定湖岸边界。在湖泊流域所在行政区域共同的上一级人民政府层面设立湖泊规划协调机构，负责湖泊流域详细规划与其他规划之间的衔接协调。湖泊（流域）各类规划在送审批之前，应首先经过湖泊（流域）规划协调机构进行审议，各部门和地区编制的湖泊（流域）专项规划在送审前，应送湖泊（流域）规划协调机构审议和备案，并就规划与湖泊流域国土规划和综合规划的关系以及对国土和综合规划的落实情况作出说明。规划协调机构中应设立由不同领域专家构成的湖泊规划协调委员会，对各地方编制的湖泊综合规划、湖泊详细规划以及专项规划的目标，尤其是规划中的战略性内容是否协调作出判断，确保全省湖泊综合规划、湖泊流域国土规划的战略设计能够在湖泊专项规划和详细规划中得到体现与深化。在省级层面，应建立湖泊保护规划实施评价制度，由省湖泊保护专门机构对全省各类涉湖规划进行审核或者审查，强化参与规划实施的各部门的责任和任务。使规划具有前瞻性、科学性、可操作性，湖泊的管理、开发和保护工作能够有法可依，有据可查。

要加快推进退渔还湖、河湖连通、控源截污、生态修复等工程建设，完善湖泊防洪排涝工程体系，提高湖泊的调蓄能力和防洪保障能力，构建布局合理、连通有序、通畅自然、循环良性、生态健康、引排得当、蓄泄兼筹、丰枯调剂、多源互补、调控自如的江河湖库水系格局。要大力开展湖泊生态环境保护试点建设，坚持一湖一策、以奖促防、绩效管理，积极探索湖泊保护和生态修复模式，争取将更多湖泊纳入国家试点范围，探索开展省级湖泊生态环境保护试点，选择城市内湖重点开展污染整治和生态修复示范。

（四）依法拆网拆围，建立遏制湖泊过度开发的长效机制

湖北省政府及有关部门要对围网围栏、投肥养殖等过度开发行为限定整改期限，全面实施围网、围栏养鱼拆除工作，收回被侵占湖面，严防新增新扩。各级政府应制定湖区渔民安置方案，加强湖区与安置区相关政府管理部门的协调配合，充分做好舆论宣传与政策引导，明确安置对象、安置方式与安置程序，负责渔民安置工作的上级政府应做好安置政策的落实、资金保障与绩效评估工作；应明确由湖泊所在地政府牵头成立由水利、环保、水产、财政等多部门组成的湖泊围栏拆除与渔民安置工作委员会，分类分步推进湖泊围网拆除工作。对于省内重点优质湖泊的围栏，及时实行一次性全面拆除，由当地政府与其签订补偿与安置协议，适当提高补偿标准，补偿范围应包括合同预期收益、船舶、渔具损失等。同时，要大力推进湖泊保护生态移民，有计划地组织渔民上岸定居，对于没有固定住所，全部家庭成员或者家庭全部劳力至今仍在船上居住生活的渔民，政府除按照

当地渔民人均捕鱼收入按年给予适当补贴外,应分配耕种土地(或人工池塘)与房屋,保障其基本的生活需要,并认真做好拆违上岸渔民的社保、养老、就业等安置工作;对于一般湖泊,应分步推进围网拆除工作,首先应对合同已到期的围网进行全面拆除,对于未到养殖合同期的渔民,应到湖泊保护部门集中划定的区域内发展生态养殖及绿色环保旅游项目,并由湖泊保护部门监督实行生态养殖,禁止投肥等污染湖泊水质的行为,要建立补偿、奖励处罚机制,鼓励涉湖企业转型发展自然放养和生态养殖。

（五）畅通渠道,两手发力,建立稳定多元湖泊保护投入机制

湖北省政府要从"千湖之省"这一特定省情出发,将每年非税收入的3%或每年一般预算收入的1%,提取作为湖泊保护专项资金,主要用于湖泊保护及相应的生态补偿,切实加大对湖泊保护的投入力度。建议从各级征收的排污费中提取1%,作为湖(库)工程生态供排水补偿,促进水系循环,提高湖泊自净能力。要按照分级管理的原则建立湖泊保护财政支出分担制度,明确市、县两级政府及有关部门、涉湖企业的投入责任,构建稳定可持续的投入机制。

政府职能部门要牵头进行行政性融资,主要方式是向国内银行申请抵押贷款、向世界银行和亚洲开发银行等国际金融机构申请贷款、政府授权从事湖泊治理保护的机构向银行贷款并由财政贴息等;要制定鼓励社会资本参与湖泊保护利用的政策,引导更多的民间资本投入湖泊保护事业,发展湖泊相关产业;要推行湖泊工程生态供(排)水补偿制度,依法开征湖泊工程修建维护费,支持对占用湖泊岸线和利用湖泊水面养殖、航运、旅游的单位,征收湖泊资源开发利用补偿费;要对10平方公里以上的重要湖泊建立生态补偿机制,在资金投入和湖堤、闸站等基础设施方面对市、县给予支持;提高排污费征收标准,将排污费纳入水价核算成本,与湖泊流域水环境保护和综合治理成本相适应,形成合理的水价形成机制;要尽快落实水库除险加固配套资金和水库管护政策,促进水库良性运行,确保防洪安全、供水安全和库区生态安全。

（六）完善制度措施,加强污染防治

要建立湖泊健康监测评价体系,尽快明确湖泊的水环境容量和纳污能力,尽早制定实施湖泊重点污染物排放总量削减和控制计划,实行湖泊重点污染物排放限值制度。要调整产业结构,发展循环经济,配套建设工业园区的污水集中处理设施,减少工业污染。要加快湖泊流域内城镇污水集中处理设施及管网建设,实行雨污分流,控制生活污染。要指导湖泊流域内农业生产过程中化肥、农药等农业投入品的科学、合理使用,控制农业面源污染。要合理控制湖泊养殖规模,鼓励发展生态渔业。要科学规划湖泊旅游开发,切实保护湖泊水生态环境。要在省控市界断面尽快建设跨界自助监测站,对跨界水质进行自动监测。要出台流域跨界断面水质目标考核办法,开展跨界断面水质目标考核,实施赔偿和环境补偿政策。

（七）完善联席会议制度,加强涉湖管理单位保护合力

应按照"统一指导,强化执行,信息通畅"的原则,提高联席会议制度执行力度,充分发挥联席会议在湖泊治理中沟通协调的功能,为实现共同治理、协作治理、科学治理的湖泊保护模式提供制度与组织保障。

1. 要强化水利部门在湖泊保护管理中的主导作用,充分发挥湖泊保护领导小组成员单位的职能作用,整合环保、农业、林业等部门的涉湖管理资源,统筹相关部门涉湖执法力量,实现综合执法,切实加大湖泊执法监督力度,强化湖泊日常巡查和动态监控,维护湖泊的保护秩序。

2. 要明确和统一跨区域湖泊主管部门,建立跨区域联席会议制度和协调机制,定期通报情况,研究解决问题。

3. 加强联席会议议决事项的执行力度。

在联席会议上通过的决议应以会议纪要的形式予以记录并下发各成员单位,决议事项执行情况应与部门目标考核机制挂钩,由政府对各部门的执行情况进行督察。对于湖泊保护重大事项没有议决的事项,应将联席会议讨论情况及时上报同级或上级政府,由政府裁定与决策。

4. 建立联席会议成员单位信息员与投诉受理处置制度。

牵头单位应设立湖泊保护信息服务平台,发布湖泊保护信息,接受社会监督与投诉,并加强成员单位之间在日常湖泊保护工作中的信息互通,沟通协调,及时反馈与处理社会投诉问题,加强成员单位之间湖泊保护协调应急处理能力。

5. 建立涉湖开发建设事项联合审批机制。加强湖泊保护各职能部门的沟通协调,对于涉湖建设与开发项目,实行多部门联合审批和监管,其中水行政主管部门或湖泊专管机构的审查意见应成为涉湖项目规划审批的前置条件。

(八) 提高公民湖泊保护意识,构建湖泊保护公众参与机制

对于湖北省的湖泊保护,除了发挥政府机关在保护湖泊中的各项职能外,应采取多种形式,广泛调动社会公众积极性,发挥公众的监督作用,形成稳定持续的公众参与机制。

1. 要加大教育和宣传的力度,提高全体公众的湖泊保护意识。

各级政府和教育机构等要抓住世界湿地日、世界环境日等契机,加强公众的湖泊保护意识,使绿色意识深入人心。开展湖泊保护宣传和教育,使广大公众认识到污染或破坏湖泊可能导致的严重后果,增强危机感,树立保护和改善湖泊环境的良好社会风尚,形成人人对污染和破坏湖泊的行为进行谴责的社会氛围,引导全社会的人都来关心和参与湖泊保护工作,使湖泊保护意识深入人心。

2. 要建立和完善湖泊保护的举报和奖励制度。

公众参与到湖泊的保护工作中来,发挥全体公众在湖泊保护中的重要作用,建立湖泊保护的举报和奖励机制,使市民有更高的积极性参与到湖泊保护中,各级政府应出台相关政策具体规定举报的事项、方法及奖励措施,使得举报奖励制度得以落实。对妨碍公众参与湖泊保护的制裁。对于妨碍公众参与湖泊保护的行为,应予以严厉的打击和制裁。

3. 注重发挥非政府组织在湖泊保护中的作用。

参加环保社团进行有组织的参与湖泊的保护工作是公众参与的重要形式，尤其是对于文化落后的地方和社会群体，应该通过建立非政府的群众组织使其参与到湖泊保护中来。

4. 建立社会主体联动参与机制。

在联合执法过程中，承担执法工作任务的部门，可根据工作的实际情况，邀请行评代表、社会监督员、湖泊保护志愿者（民间湖长）等，参与执法行动，营造社会各界参与湖泊保护的良好氛围。

（九）启动重点优质湖泊立法，实现"良好湖泊优先保护"

湖北省湖泊众多、情况各异，因地制宜制定和颁布管理、保护和资源利用的规范或法规，是湖泊实施科学有效管理的保障，意义十分重大。建议由湖北省政府按照湖泊面积较大、水质生态状况较好的原则确定重点湖泊范围，并依据《条例》对湖北省内的重点湖泊进行分湖立法，力争做到重点湖泊一湖一法。为了统一重点湖泊确定标准，建议按照2011年7月环保部、财政部联合印发的《湖泊生态环境保护试点管理办法》以及环保部在2013年5月颁布的《良好湖泊生态环境保护规划(2011—2020)》的相关规定，将重点湖泊标准确立为：(1)湖泊面积在50平方公里以上、有饮用水水源地功能或重要生态功能；(2)湖泊现状总体水质或试点目标水质好于三类(含三类)，流域土壤或沉积物天然背景值较低。按照这一要求，湖北省应将洪湖、梁子湖、斧头湖、西凉湖纳入首批"一湖一法"立法计划。

湖泊保护社会调查

湖北省湖泊数量众多、分布广泛、类型多样，这对湖北省的湖泊保护及治理工作提出了较高的要求。不同类型的湖泊保护面临何种实际困难，其体制机制运行的实际状况如何？湖北水事研究中心组织研究人员采用社会调查的方法，选取不同类型、不同区域的湖泊作为典型样本开展实地调研和分析，通过解剖这些"麻雀"，从多学科角度对湖泊保护体制机制展开类型化研究。

湖北省湖泊管护困境及对策调查报告[*]

王　腾　张全红　袁文艺[**]

湖泊是我国重要的淡水资源和国土资源,具有提供工业用水和饮用水、调节河川径流、农业灌溉、繁衍水生生物、沟通航运、改善区域生态环境等多种功能,在国民经济发展中具有重要作用。[①] 加强湖泊管理保护,维护湖泊健康可持续发展,直接关系到流域居民的生产生活,关系到湖泊所在区域的经济社会发展,是开展生态文明建设一项重要基础性工作。近年来,我国湖泊管理工作不断推进,湖泊保护取得一定进展。各地加大湖泊保护投入,建立各类湖泊保护机构,一些地方出台湖泊保护专门立法(如江苏、湖北均颁布了"湖泊保护条例")。但是,湖泊保护仍面临比较严峻的问题,湖泊水量减少、湖面萎缩、水质恶化、生态功能退化等趋势依然没有得到根本扭转。从以往研究来看,湖泊生态治理技术研发滞后,湖泊保护资金投入不足,湖泊保护体制机制不全是阻碍湖泊管理与保护工作顺利推进的三个重要原因,其中体制机制问题是关键因素[②],湖泊资源环境保护与管理缺乏有效的责任机制和实现手段。[③] 因此,本文在调研江汉湖区典型湖泊的基础上,利用经济学相关理论探讨当前我国出现湖泊管护体制机制困境的原因何在,并且试图在经济学框架下找到应对之策。

一、湖北省湖泊保护现状与问题——以部分典型湖泊为例

湖北省湖泊几乎全部分布在沿长江、汉江两岸海拔 50 m 以下的平原区,统称江汉平原湖区。湖北省湖泊是在云梦泽大水面淤浅和肢解与江汉盆地新构造运动不断下沉的

* 基金项目:本文为 2015 年湖北省教育厅人文社会科学研究青年项目"湖泊生态保护模式创新研究—基于'江汉湖群'的调查"(项目编号 15Q164)以及湖北经济学院校级青年科研基金项目重点项目"农村城镇化背景下面源污染社会治理机制创新研究"(项目编号 XJ201504)的阶段性成果。文章受湖北水事研究中心科研项目经费资助。

** 作者简介:王腾,男,汉族,湖北经济学院法学院讲师,湖北水事研究中心研究员;张全红,男,汉族,湖北经济学院经济学系教授,湖北水事研究中心研究员;袁文艺,男,汉族,湖北经济学院财政与公共管理学院教授,湖北水事研究中心研究员。

① 李志杰:《湖泊污染及治理的经济学分析》,载《经济问题探索》2012 年第 8 期。

② 赵志凌、黄贤金、钟太洋、陈逸:《我国湖泊管理体制机制研究——以江苏省为例》,载《经济地理》2009 年第 1 期。

③ 施祖麟、毕亮亮:《我国跨行政区河流域水污染治理管理机制的研究——以江浙边界水污染治理为例》,载《中国人口资源与环境》2007 年第 3 期。

背景下形成的。全省湖泊除少数为古云梦泽的残迹外，大多为在古云梦泽的洼地内以及岗地边缘洼地内形成的新湖泊。虽然湖北在历史上有"千湖之省"的美誉，但由于 20 世纪 50 年代末至 60 年代初和"文化大革命"期间人为活动及自然淤积等原因，省内湖泊面积不断萎缩，不少中小湖泊消亡。据湖北省水利厅《湖北省湖泊变迁图集》(1950—1988) 资料，20 世纪 80 年代，全省水面面积 100 亩以上的湖泊有 843 个，其中水面面积 5000 亩以上的湖泊 125 个。根据正在开展的湖北省河湖基本情况普查初步统计，湖北省现有常年水面面积 1 平方公里(1500 亩)以上的湖泊有 260 个，常年水面面积 10 平方公里(15000 亩)以上的湖泊有 51 个，自 20 世纪 80 年代至 2012 年湖泊总面积净减 277 平方公里。同时，随着湖北省人口增加和城镇化进程的加快，湖泊流域水体污染状况加剧，水资源保护受到严重威胁。调研的样本湖泊中，除梁子湖、斧头湖、淤泥湖水质总体尚好，暂能满足取水要求外(丰水期部分为 II 类)，其他如鲁湖、西凉湖、大岩湖、龙感湖等水质为 III 类，洪湖、保安湖、三山湖、王母湖等为 IV 类，大冶湖、汤逊湖、野猪湖、遗爱湖为 V 类水质，汊汉湖、赤东湖、长湖甚至为劣 V 类水质，已无法满足作为饮用水源地的水质要求。

湖泊作为公共资源，一直以来是由政府负责管理，而湖泊自然生态状况的继续恶化，湖泊保护目标无法实现，自然让我们得出政府管理失效的结论，而管理失效在很大程度上又是由于管理体制机制存在缺陷所致。如跨行政区湖泊管理面临的最主要的问题是流域管理与行政区域管理间的矛盾。以湖北为例，虽然《湖北省湖泊保护条例》自 2012 年 10 月起已正式施行，湖北的湖泊也都有一定的保护和管理措施，如对湖泊保护责任的确定、湖泊主管部门的明确、湖泊生态补偿制度等，但是，现行的管理体制和机制使湖泊保护行动乏力，成效不够明显。主要表现在以下几个方面：

（一）管理主体与职权划分上，仍然是多头管理、地域分割

虽然当前各地都进行了一定的湖泊管护体制机制改革，在一些重点湖泊所在区域建立了相对独立的湖泊专管机构，但从总体来看，我国湖泊资源还是按照传统的功能与区域分割管理，即湖泊所在区域的政府可以管理管辖区域内的湖泊资源，一个区域内部又按照湖泊的功能来划分具体归属的管理部门，如农业、水利、环保、林业等多个部门都可以根据部门利益和行业法规去管理湖泊，在执法过程中发生冲突的情况仍然普遍存在。如在湖北的两湖流域，洪湖与长湖均属跨区域湖泊，其中既涉及地方政府的区域性管理，又涉及不同部门的功能管理，还涉及流域机构——四湖流域工程管理局的流域性管理，一个整体的湖泊流域在现行体制下被人为分割，造成"各管一环、各管一段、多头管理、各自为政"的局面，各管理主体之间职责、权限不明，对湖泊价值、功能判断及管理目标差异较大，各地区、各部门之间工作上各行其是，互相推诿甚至发生冲突的现象时有发生。

（二）管理责任上，考核制度缺失，湖泊保护责任无法兑现

当前，虽然各地都建立了湖泊保护的责任机制，但大多过软过轻，对涉湖部门以及政府的威慑力不强，因此，各地政府虽然在名义上十分重视湖泊保护问题，但实际上却依然

没有将湖泊保护纳入政府工作考核的主要目标。如在湖泊保护方面走在全国前列的湖北，在 2012 年即出台了《湖泊保护条例》（以下简称《条例》），在《条例》中明确了湖泊保护的主管部门是水利部门，规定了政府的湖泊保护责任，明确涉湖管理部门的职责，但实施两年多来，这部地方性法规所设计的制度还未真正得到落实，如虽然明确了水利部门作为湖泊保护的主管部门，但没有规定水利部门对其他涉湖管理部门的约束措施，导致水利部门在行使其湖泊主管权时只能"心有余而力不足"。例如湖北最大的湖泊——洪湖、第二大湖——梁子湖的管理权限均不在水利部门，而分属林业和渔业部门。在部门之间湖泊保护横向责任划分方面，由于管理部门众多，政出多门，导致湖泊管理权责错位，湖泊保护部门之间的责任分担机制无法真正建立。此外，从纵向责任划分方面，虽然在湖北上级与下级政府之间签订了湖泊保护责任书，但由于缺少对湖泊保护责任书贯彻执行的过程监督和目标考核，湖泊保护目标管理结果应用不充分，很多责任状都成为一纸空文，无法实现对下级政府及相关部门的真正约束。

（三）政府湖泊保护动力不足，执法不严，湖泊过度开发问题突出

湖泊既是宝贵的生态资源，也是十分重要的经济资源，在权衡湖泊生态效益与经济效益方面，很多地方政府选择了后者，这也是我国长期以来以 GDP 作为考核地方政府工作绩效关键指标的必然结果。因此，部分地方和部门对湖泊资源重开发、轻保护，重短期利益、轻长远利益，过度开发现象仍较为严重，而对于湖泊污染与过度开发等违法行为的执法则显得有些松软。如有些地方和部门执法不严，管理不力，掠夺性经营和非法开发问题仍然存在。经对湖北有关湖泊的调查中发现，由于围网养殖、围湖造田以及精养鱼塘开发等《条例》明确禁止的违法行为，汈汊湖面积从原来的 2500 多万亩萎缩到如今的 12.6 万亩，其中原生态湖面只剩 3 万亩。有些地方把沿湖堤防保护范围内的堤段作为耕地面积分给农户，作为村集体土地引资开发，还有的地方一边斥巨资进行生态移民搬迁，一边引进地产商在水资源保护核心区搞旅游开发，建设宾馆、酒店，对沿湖生态环境破坏较大。

二、经济学视域下湖泊管护之三重困境

（一）外部性与"公地悲剧"的困境——地方政府之间的利益博弈

鉴于湖泊的公共品以及外部性等特征，社会对于湖泊的治理水平必然低于社会最优水平，对于湖泊的污染必将高于社会的最优水平。如图 1 所示，横坐标为污染水平，纵坐标为污染的成本和收益。曲线 $MR_P = MR_S$，表示污染的个体边际收益和社会边际收益，曲线 MC_P 是污染给本地区带来的个体边际成本，曲线 MC_S 是污染给所有周边地区带来的社会边际成本。当一个行政区的政府放松污染管理，增加排污时可以获得短期的经济增长和财政收入，由该地区独自获得，并且假定其不对其他地区的经济增长产生直接影响，从而个体边际收益 MR_P 等于社会边际收益 MR_S。而污染产生的长期负面效果会削弱和破坏水资源的饮水、生态、旅游等一系列功能，这些成本将由水资源涉及的所有地区

共同承担,产生污染的地区只承担一部分,从而污染产生的个体边际成本 MC_P 小于社会边际成本 MC_S。如果每个行政区各自决定污染水平,个体边际成本等于个体边际收益所确定的 Q_P^*,明显大于社会边际成本等于社会边际收益所确定的社会最优污染水平 Q_S^*。

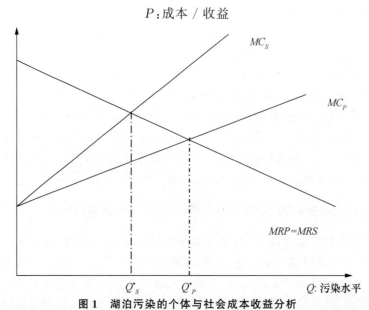

图1　湖泊污染的个体与社会成本收益分析

　　湖泊是一种典型的区域性公共品,在一定限度内具有非竞争性和非排他性的特点,因此会导致私人成本(或收益)与社会成本(或收益)的不匹配。在湖泊治理和开发利用时,周边地区各自面临的治理成本和收益与整体的社会治理成本和收益不一致,导致各周边地区没有积极性维护湖泊资源的质量,形成污染和开发过度。当一个行政区单独维护湖泊等水资源时,成本由本地区独自承担,而收益由所有周边地区分享;相反,当一个行政区单独污染破坏水资源时,由此带来的经济和财政收益由本地独享,成本却由所有周边区域共同承担。污染和治理中的这种个体与社会的成本收益不一致导致水资源被过度开发利用和污染,而维护的努力严重不足,即发生了所谓"公地悲剧"困境。

（二）集体行动的困境:政府管理部门间的利益博弈

　　奥尔森在《集体行动的逻辑》中提出:集团的利益属于所有的人,集团越大,成员就越想坐享其成。由于集体行动的成果具有公共性,所有集体成员都可能从中获益,包括那些没有分担集体行动成本的成员,这时容易出现"搭便车"行为。[①] 显然,湖泊收益对象是集体,同时湖泊也必然需要集体保护,湖泊的管理和保护往往涉及多个"条块"部门,即所谓的"九龙治水",每一个地区和部门都希望其他部门多做治理湖泊减少污染的努力,而自己则一起分享治理的收益。这样一来,一个湖泊涉及的地区和管理部门越多,共同协调的成本就越高,容易陷入"集体行动的困境"。现行的湖泊管理体制中,存在多个平行

---

　　① 李东方:《政府失灵的原因及其治理探析》,载《昆明学院学报》2010年第1期。

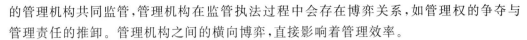

的管理机构共同监管,管理机构在监管执法过程中会存在博弈关系,如管理权的争夺与管理责任的推卸。管理机构之间的横向博弈,直接影响着管理效率。

1. 模型假设

如上文所述,湖泊管理存在横向平行的多个机构。为了分析简便,假定管理机构甲和乙是横向博弈中的两个参与者。分段管理中,管理机构甲或乙的管理任务为 r_i, $i=1$, 2,且 $0<r_i<1$, $r_1+r_2=1$。分以下几种情况来考察:

(1) 双方合作。双方合作时二者的管理收益和管理成本分别是 $R(r_i)$ 和 $C(r_i)$, $i=1$, 2,且 $R'(r_i) \geqslant 0$, $R''(r_i) \leqslant 0$, $C'(r_i) \geqslant 0$, $C''(r_i) \leqslant 0$。双方合作的净收益分别为 $R(r_1)-C(r_1)$ 和 $R(r_2)-C(r_2)$,且一般有 $R(r_i)-C(r_i) \geqslant 0$。

(2) 一方合作而另一方不合作。一方合作而另一方不合作时,合作方获得的净收益不仅取决于自身执行管理任务的力度 r_i,还取决于不合作方在管理中承担的任务大小 r_{-i},此时合作一方的净收益为 $r_2(R(r_1)-C(r_1))$ 或 $r_1(R(r_2)-C(r_2))$,这意味着合作方的净收益受对方管理行为的牵制。而不合作方将会受到与其管理任务大小相关的惩罚 $F(r_i)$, $i=1,2$,且 $F(r_i) \geqslant 0$, $F'(r_i) \geqslant 0$, $F''(r_i) \geqslant 0$,如合作方向上级告发其不合作使其承担相应的责任、社会舆论对其行政不作为的指责等,此时不合作方的净收益为 $R(r_i)-C(r_i)-F(r_i)$, $i=1,2$。(3) 双方均不合作。此时博弈参与者的净收益为 $R(r_i)-C(r_i)-F(r_i)$, $i=1,2$。管理机构甲和乙之间存在信息不对称,假定管理机构甲合作概率为 α,则不合作的概率为 $1-\alpha$。假定管理机构乙合作的概率为 β,则不合作的概率为 $1-\beta$。管理机构甲和乙之间的静态混合策略博弈矩阵,如表1。

表1 湖泊管理机构之间横向的博弈矩阵

		管理机构乙	
		合作(β)	不合作($1-\beta$)
管制机构甲	合作(α)	$R(r_1)-C(r_1)$, $R(r_2)-C(r_2)$	$r_2(R(r_1)-C(r_1))$, $R(r_2)-C(r_2)-F(r_2)$
	不合作($1-\alpha$)	$R(r_1)-C(r_1)-F(r_1)$, $r_1(R(r_2)-C(r_2))$	$R(r_1)-C(r_1)-F(r_1)$, $R(r_2)-C(r_2)-F(r_2)$

2. 模型解析

(1) 管理机构乙选择合作的最优概率

管理机构甲的期望效用函数为:

$$E_1 = \alpha[\beta(R(r_1)-C(r_1))+(1-\beta)r_2(R(r_1)-C(r_1))]$$
$$+ (1-\alpha)[\beta(R(r_1)-C(r_1)-F(r_1))+(1-\beta)(R(r_1)-C(r_1)-F(r_1))]$$

则管理机构甲行为最优化的一阶条件为:

$$\frac{\partial E_1}{\partial \alpha} = (\beta(1-r_2)+r_2)(R(r_1)-C(r_1))-(R(r_1)-C(r_1)-F(r_1))=0$$

$$\beta^* = 1 - \frac{F(r_1)}{(1-r_2)(R(r_1)-C(r_1))} \quad \frac{\partial E_\alpha}{\partial \alpha} = F - \beta C = 0$$

（2）管理机构甲选择合作的最优概率

由于管理机构乙与甲的收益、成本、惩罚函数相似，都取决于其承担的管理任务和对方的合作倾向，根据对偶性理论，则能够得到管理机构甲的最优合作倾向：

$$\alpha^* = 1 - \frac{F(r_2)}{(1-r_1)(R(r_2)-C(r_2))}$$

（3）模型涵义

根据博弈结果可知，

$$\alpha^* = 1 - \frac{F(r_2)}{(1-r_1)(R(r_2)-C(r_2))}, \quad \beta^* = 1 - \frac{F(r_1)}{(1-r_2)(R(r_1)-C(r_1))}$$

是管理机构甲和乙混合策略博弈的唯一的纳什均衡。$\frac{\partial \alpha^*}{\partial r_1} = \frac{F(r_2)}{R(r_2)-C(r_2)} \frac{1}{(1-r_1)^2} > 0$，$\frac{\partial \beta^*}{\partial r_2} = \frac{F(r_1)}{R(r_1)-C(r_1)} \frac{1}{(1-r_2)^2} > 0$，意味着 α 和 β 分别与 r_1 和 r_2 呈正相关性，即管理机构承担的管理任务越大，则其合作倾向越高。需要指出的是，湖泊管理机构有多家，多家管理机构之间的横向博弈远比两家之间的博弈更加复杂。这些管理机构之间如果不合作，或者某一管理机构不作为，其他机构再怎么努力可能也于事无补，这就印证了 1988 年美国学者黑勒教授建立的与"公地悲剧"相对应的"反公地悲剧"[①]的理论模型："每个人都有产权，但每个人都没有有效的使用权，导致资源的闲置和使用不足，造成浪费，这样就发生了反公地悲剧。"[②]在湖泊管理的主要机构中，水产部门倾向于提高水产品产出，环保部门可能会以收费、罚款而纵容污染物的排放，土地管理部门会因高额的土地出让收入而对填湖造地视而不见。受部门利益驱动，这些部门的管理行为往往会损害湖泊的保护。因此，博弈分析的结论是，多部门管理的九龙治水，九龙形成合力的协调成本高，部门利益与湖泊保护的目标冲突，效率必然低下。

（三）"晋升锦标赛"的困境：政府自身的利益博弈

政府发挥经济功能有效性的一个隐含前提是，政府完全是一个大公无私的代表社会公共利益的组织，而实际上并非如此。政府机构有自己的利益，这种利益是政府机构工作人员，主要是政府官员的个人利益的内在化，或者说"集合"。政府在社会生活和经济生活中的特殊地位（作为社会经济管理者），又为政府机构往往借社会公共利益之名行政府机构私利之实，提供了有利的客观环境条件和可能性。政府官员的个人利益是如何内在化为政府机构利益的呢？对此，尼斯卡宁和缪勒进行了实证分析，结论是政府官员的目标都与预算的规模有单调正相关关系。预算的增加就可以有更多的支配权力，就可以控制更多的领域，而随着支配权力的增大和控制领域的扩展，政府的地位得到巩固和加强，政府官员的收入、地位也随之提高。类似的研究在中国也有相似的结论，周黎安等运用中国改革以来的省级水平的数据系统地验证了地方官员晋升与地方经济绩效的显著

---

① 陈新岗：《"公地悲剧"与"反公地悲剧"理论在中国的应用研究》，载《山东社会科学》2005 年第 3 期。
② M Heller. The Tragedy of Anti-Commous [J]. *Harvard Law Rev.*, 1998,(111)：621.

关联,为地方官员晋升激励的存在提供了一定的经验证据。他们发现,省级官员的升迁概率与省区 GDP 的增长率呈显著的正相关关系。因此,各级政府和地方官员为了本地的经济、就业、税收和财政利益以及个人政绩,会使用各种行政、法律、财政、金融等手段追逐自己管辖地区的 GDP 增长,陷入"晋升锦标赛",并导致各种形式的地方保护和市场分割,相对忽视了环境、教育、社会保障等问题。湖泊治理和保护具有前期投入成本高、见效慢,对当地经济增长贡献率较低等特点,对地方官员的晋升作用小,地方政府治理湖泊就必然会存在理性选择的情况。所谓"理性",就是优先选择经济指标,而后用或不用湖泊保护等环保指标,即使在湖泊保护上有追责机制,但由于缺乏必要的力度与刚性,这种责任完全可能会在顺利完成 GDP 这种优先指标的光环下淡化甚至忽略,其结果还是会倒逼政府放弃湖泊保护。

三、应对策略

(一)建立相对统一的管理决策机制

集体行动困境中的博弈分析的结论是,多部门管理的"九龙治水","九龙"形成合力的协调成本高,部门利益与湖泊保护的目标冲突,效率必然低下。破解的思路是整合管理部门,由一两个部门负责湖泊的保护和管理职能,提高管理效率。另外,为了解决湖泊治理的外部性和"公地悲剧"问题,需要整合众多涉湖管理部门,消除政府部门之间的"外部性"。例如,水产局在湖泊管理中侧重经济目标(如水产总值,承包收入等),但不承担水产养殖的治污成本;水利部门侧重湖泊的防洪排涝设施建设,但不享受湖泊养殖的利益;环保部门侧重湖泊的环境保护,但与经济指标目标形成冲突。为了消除湖泊管理部门之间的外部性问题,非常有必要整合相关管理部门,尤其要整合目标和利益相互冲突的部门。在部门整合难以一步到位的情况下,可以首先在原湖泊具体管理单位基础上整合其他不同部门的职能。如在湖北省 15 个跨行政区域湖泊中,已设立管理机构的洪湖湿地管理局、梁子湖管理局,其职责定位不应仅仅限于湿地保护与渔政管理,应当增加并承担起水质、水量、生态等湖泊保护的综合管理职责。同时,在实现湖泊流域有效管理中,要强调统一管理与分级管理和流域管理与区域管理相结合,要通过立法明确湖泊管理与保护的责任主体与职权范围,明确湖泊主管部门。

(二)建立湖泊保护性投入的补偿机制

针对湖泊治理中的"公地悲剧",即治理收益与成本的背离,亟需生态补偿的制度设计。即对湖泊治理中做出努力和成效的政府和部门予以更多的财政资金保障,一方面可以弥补其治理成本,另一方面可有效激励其他地区政府和部门。如湖北鄂州市梁子湖区政府,为了保护梁子湖,全区撤出了一般性工业,农业方面也大力发展生态农业,为了湖泊保护做出了重大贡献与牺牲,而该区的财政能力显然不足以补偿其损失,而更需要国家和省、市的转移支付予以支持。因此,上级政府应列支一部分财政经费作为湖泊保护专项资金,主要用于湖泊保护及相应的生态补偿,加大对湖泊保护的投入力度。另外,政府职能部门可牵头进行行政性融资,主要方式是向国内银行申请抵押贷款、向世界银行和亚洲开发银行等国际金融机构申请贷款、政府授权从事湖泊治理保护的机构向银行贷款并由财政贴息等;要制定鼓励社会资本参与湖泊保护利用的政策,引导更多的民间资本投入为经济落后地区湖泊保护事业,发展湖泊相关产业,实现湖泊保护与地区经济发展的双赢。

（三）建立湖泊保护的刚性追责机制

"晋升锦标赛"困境发生的一个重要原因是地方政府的湖泊保护责任没有真正落实或者虽然落实但责任太轻,无法与当前政府湖泊保护的刚性需求相匹配,因此,为了解决政府自身的利益博弈问题,应加强对地方政府湖泊保护不力或失职行为的责任追究。而追责机制建立的关键环节在于优化"晋升锦标赛"和政绩考核的指标体系,把以湖泊保护为重点的生态文明建设作为与经济增长、社会稳定等同等重要的考核指标,并建立与其他指标相同的刚性追责机制。包括完善湖泊保护行政首长负责制,要将沿湖各地方政府的主要行政领导作为湖泊保护的第一责任人,负责协调与监督区域内湖泊保护工作;同时,还要健全湖泊保护目标责任考核机制,上级政府要加强对下级政府的综合管理考核,对于重点湖泊的保护应纳入政府领导班子考核指标体系中,对于因沿湖所在政府保护不力或决策失误导致水体严重污染,水生态严重恶化,面积急剧萎缩、防洪调蓄功能遭受严重破坏等重大湖泊保护事故时,上级政府应对该级政府领导班子实行"一票否决",分管湖泊保护工作的主要领导应引咎辞职,对设立专管机构的重点湖泊发生严重污染事件的,要按照其职权责任范围对其进行追责,存在刑事违法犯罪的,应及时移交司法机关处理。只有如此,才能将湖泊利益与政府利益有机结合起来,让政府自觉自愿地履行监督管理职责,从而提高湖泊保护工作的效率与水平。

湖北省省管五大重点湖泊保护调查报告

《湖北省生态湖泊保护体制机制研究》项目课题组

一、湖北省管五大重点湖泊的生态现状与保护现状

（一）梁子湖的保护现状

梁子湖是湖北省第二大湖泊，流域跨武汉、黄石、鄂州、咸宁四市，为了充分说明梁子湖的保护现状，我们综合以上四市的保护情况予以介绍。

（1）专门机构，严格管理。早在 2008 年咸宁市就成立梁子湖风景区管理委员会，鄂州市也组建梁子岛生态旅游度假区管理委员，从 2004 年起梁子湖环境保护的管理权上划一级，市环保部门向梁子湖派出专门机构。2013 年，武汉市、鄂州市相继又成立湖泊管理局，强化了梁子湖环境保护的监督管理。

（2）明确责任，联合保护。武汉、黄石、咸宁、鄂州四市签订了《保护梁子湖协议》，明确环湖各市的空间管制责任，细划适建、限建及禁建区，初步建立了共同保护、共同建设、共享利益的体制机制。

（3）编制规划，科学保护。咸宁市把梁子湖保护作为重要内容列入《十二五环境保护规划》，将其核心区划分为"生态严控区、生态保育区、生态修复区、生态协调区"，科学规划，严加保护。鄂州市不断完善湖泊保护规划体系，横向有产业、交通、城镇化规划体系，纵向有绿色示范区、集镇、乡村规划体系。目前，梁子湖区五个建制镇全部完成了环境规划编制工作。

（4）严格考核，落实责任。咸宁市始终坚持"宁慢勿滥"的原则，按照节能、生态、环保、低碳理念，高标准布局环湖开发项目，严格环境准入，对流域不审批工业及涉水污染项目，禁止新增畜禽养殖项目，取消对环湖街镇经济指标考核，只考核生态环保指标。鄂州市要求各区、开发区、街道比照市级领导联系建立湖泊（水库）的做法建立相应制度（纳入省级保护名录的湖泊要明确县级党政领导干部担任"湖长"），将制订具体办法强化工作考核。

（5）综合治理，生态修复。咸宁市采取分散或相对集中、生物或人工湿地等多种处

理方式,因地制宜开展农村生活污水处理;加强生态修复工程建设,分期拆除梁子湖拦网、围网,修复梁子湖水生态系统,增强生物多样性。武汉市、鄂州市在梁子湖流域开展了退堰还湖、水生植被恢复和污水处理等综合整治工作,拆除了全部围网养殖;积极申报梁子湖(鄂州)生态文明示范区建设,市委、市政府公开承诺在梁子湖区全面退出一般工业。

(6)调整结构,减少污染。咸宁市坚持围绕建设无公害农产品、绿色食品、有机食品基地,通过大力发展林果业,推广生态农业,实行产业化管理畜禽养殖业,强化生态畜禽养殖,建立自然生态增殖示范区,逐步做大做强生态水产养殖业等,整体推进以清洁生产、清洁养殖为主要内容的产业配套,引导农民积极调整农业种植、养殖结构,减少农业面源污染。鄂州市实施"农药和化肥减量化"示范工程,实施"清洁种植和清洁养殖"工程,调整种植品种,提高土地综合利用率,减轻农业面源污染。

(7)公众参与,主动保护。咸宁市实施"以奖代补"政策和市场化保洁办法,鼓励以乡镇街(办事处)、村委会为主体成立环保理事会,明确村民保洁责任和义务,建立农村日常保洁队伍,统一培训、集中管理、规范化运行。武汉市在每个湖泊有一个"网格化"管理团队和联络人,包括水务执法人员、沿湖单位、湖泊周边群众和志愿者等,真正下沉执法力量、拓宽信息渠道,变被动为主动,加强湖泊巡查保护。

(二)洪湖、长湖保护现状

(1)设立湖泊保护专门机构。为了发挥湖泊的调蓄功能,加强湖泊保护与管理,对跨县市区的、具有流域性水利工程特点的湖泊,设置了市管机构。其中,长湖、洪湖由荆州市四湖工程管理局负责建设、管理和调度,玉湖由荆州市三善垸水利工程管理处负责建设、管理和调度。为加强对洪湖和长湖的水产养殖管理和生态保护,分别设立了荆州市洪湖湿地自然保护区管理局和荆州市长湖水产管理处。

(2)湖泊保护体制机制建设。一是出台湖泊保护与管理的实施意见。根据省政府《关于加强湖泊保护与管理的实施意见》,制定了《荆州市人民政府关于加强湖泊保护与管理的实施意见》,明确了湖泊保护总体目标、远期目标和近期目标。二是编制湖泊保护规划。目前洪湖、长湖专项规划已经编制完成。另外,16个5平方公里以上的湖泊委托省水科院正在开展治理与保护规划编制工作。

(3)涉湖工程建设管理。各级党委、政府高度重视洪湖、长湖等流域性湖泊的治理与保护工作,特别是在防洪、排涝、灌溉工程建设上进行了大量投资,形成了功能比较完备的水利工程体系。在防洪上,洪湖、长湖湖堤的防洪标准已达到二十年一遇。

(4)开展湖泊生态修复。一是实施洪湖拆围。省财政落实了6959万元的专项资金,荆州市、洪湖市两级党委、市政府认真贯彻落实省委、省政府的决策部署,通过近3年的努力,所有围网全部被拆除。二是实施渔民上岸。拆除围网后,实施渔民上岸。并且,对不愿离湖上岸的2535户拆围渔民,根据安置补偿政策每户给予20亩水面用于围网养殖,安置面积5.07万亩。三是遏制外来物种,开展水草移植。实施了洪湖湿地示范区建设一期工程及与世界自然基金会合作项目,合理移植水生植物,使洪湖挺水植物、浮叶植物和沉水植物呈现合理化分布,洪湖水生植物量呈几何级数增长。

(5)打击涉湖违法行为。对湖区违法建设、倾倒渣土、填湖造地、围湖造田、拦坝筑汉、围网养殖、危害湖堤、破坏设施、违法排污等涉湖违法行为严肃查处。

(6)推动湖泊保护公共参与。利用"世界水日"和"中国水周"广泛深入开展湖泊保护宣传。积极配合湖北日报社完成"千湖新记"栏目的采编工作,目前,《湖北日报》上已刊登了3篇介绍荆州湖泊的文章。在《湖北省湖泊志》(荆州部分)编纂方面,已初步完成全市184处湖泊,共计四十余万字编纂任务。

(三)斧头湖、西凉湖保护现状

(1)加强湖泊水质监测。咸宁市已对斧头湖、大岩湖、黄盖湖、西凉湖等4个省控湖泊进行了常规监测。此外,为稳步推进梁子湖流域环境综合治理,落实《保护梁子湖协议》和《保护梁子湖目标责任书》,关停了梁子湖上游污染企业,市环境监测站加大对高桥河流域水质监测频次,及时掌握梁子湖上游水质变化情况。

(2)编制规划的制定。湖北省人民政府以鄂政函〔2013〕96号文批复了《斧头湖、西凉湖和鲁湖水利综合治理规划》,目前,咸宁市正在委托省水利规划勘测设计院开展《斧头湖西凉湖两湖连通及江湖连通工程可研报告》编制工作。

(3)加大巡查打击工作。咸宁市西凉湖管理局在加大西凉湖水生生物资源及其生态环境的保护的同时,组织沿湖三县(市、区)渔政站对所辖水域进行巡查,严厉打击非法捕捞、迷魂阵和地笼等违法行为,2013年共查处迷魂阵、地笼等25处,下达整改通知书25份,有效保护了西凉湖水生生物资源和生态环境。

(4)落实湖泊保护责任。结合实际情况与各县(市、区)政府签订了湖泊水库保护责任书,不仅将39个湖泊,而且还将101个小(1)型以上水库一起也纳入保护范围。各县(市、区)政府也与有湖泊水库保护任务的乡镇签订了责任书,进一步明确了湖泊水库保护近、远期目标和保护任务。

(5)加强湖泊保护协调联动。咸宁市人民政府成立了以丁小强市长为组长、闫英姿副市长为副组长,相关部门负责同志为成员的咸宁市湖泊保护与管理领导小组(咸政办发〔2013〕57号),建立了湖泊保护管理联席会议制度。领导小组办公室设在市水务局,妥善处理湖泊保护管理日常事务的同时,还积极协调相关部门处理人民群众最关心的涉湖事项,有力地推动了湖泊保护管理协调联动。

(6)加强湖泊保护横向联系。咸宁市安排市水务局相关同志到武汉市湖泊局挂职锻炼,积极学习和借鉴外地湖泊保护管理中好的作法,运用到我市湖泊保护管理工作。

(7)强力营造湖泊保护氛围。积极主动开展湖泊保护宣传活动。自2013年以来完成了斧头湖、西凉湖、黄盖湖、向阳湖、沧湖和蜜泉湖、大岩湖等湖泊的采访工作。按湖北省政府要求及时完成斧头湖、西凉湖等16个湖泊的湖泊志编纂工作。

以上五大重点湖泊生态状况见下表:

表2 湖北省五大重点湖泊生态状况

名称	地理位置	水域面积	水质	水量	水生态
洪湖	洪湖市、监利县	308平方公里	Ⅲ类	15.49亿立方米	盛产水稻,淡水鱼,莲藕,莲子,野鸡,野鸭,玉米,高粱,甲鱼,大闸蟹,乌龟,龙虾,黄鳝等。随着湖面养殖面积过大,水体污染逐渐加重,水生植物群落退化,水草覆盖率不足70%;野生动植物,尤其是水禽和鱼类种类及种群数量减少。20世纪70年代以前,调查到水禽记录为112种及5亚种(其中冬候鸟61种),鱼类为81种,后江湖阻隔后鱼类下降到57种,且小型化趋势明显。
梁子湖	武汉、鄂州、黄石、咸宁	3260平方公里	Ⅲ类		梁子湖区有多样的生物资源,浮游植物27科40属,高等植物84科,鸟类137种,其中国家Ⅰ级保护鸟类5种,Ⅱ级保护鸟类15种,省级保护鸟类86种。
长湖	荆门、潜江、荆州	131平方公里	Ⅲ类	6.18亿立方米	浮游生物生长旺盛,鱼类品种约20种,鲭、鲢、鲩、鳙等较常见。
斧头湖	咸宁	126平方公里	Ⅱ类		盛产青鱼、鲤鱼、草鱼、鲫鱼、鳊鱼、鳜鱼、鳡鱼、乌鱼、弯刀鱼、红尾鱼、黄鳝、龟、鳖、蟹、虾等多种淡水鱼类。
西凉湖	咸宁	85.2平方公里	Ⅲ类		野生莲藕、芡实、蒿笋、菱角、莼菜及各种水草生长繁茂。盛产青鱼、鲤鱼、草鱼、鲫鱼、鳊鱼、鳜鱼、鳡鱼、乌鱼、弯刀鱼、红尾鱼、黄鳝、龟、鳖、蟹、虾等多种淡水鱼类。也是野鸭、白鹭等水鸟的乐园。

二、湖北省五大重点湖泊保护体制机制的创新与探索

(一) 湖北省五大重点湖泊保护体制的创新

1.《湖北省湖泊保护条例》[①]

(1) 加强政策倾斜。例如《条例》第13条规定,对重要湖泊的保护,省人民政府应当建立生态补偿机制,在资金投入、基础设施建设等方面给予支持。

(2) 加强对湖泊饮用水水源地的保护。例如《条例》第27条规定,对具有饮用水水源地功能的湖泊,县级以上人民政府应当按照规定划定饮用水水源保护区,设立相关保护标志。水行政主管部门应当科学调度,防止水源枯竭;环境保护部门应当开展日常巡查和监测,防止水体污染。第36条规定,禁止在属于饮用水水源保护区的湖泊水域设置排污口和从事可能污染饮用水水体的活动。第42条规定,在城区湖泊和具有饮用水水源功能的湖泊从事经营的船舶,不得使用汽油、柴油等污染水体的燃料。

(3) 加强水生物的保护。例如《条例》第47条规定,在水生动物繁殖及其幼苗生长季

---

① 以下简称为《条例》。

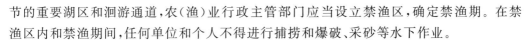

节的重要湖区和洄游通道,农(渔)业行政主管部门应当设立禁渔区,确定禁渔期。在禁渔区内和禁渔期间,任何单位和个人不得进行捕捞和爆破、采砂等水下作业。

2.《关于加强湖泊保护与管理的实施意见》

(1)编制湖泊保护规划。对列入全省湖泊保护名录的湖泊,应逐个编制详细规划,主要内容包括:湖泊基本情况调查及存在问题分析、湖泊功能确定与湖泊保护目标研究、湖泊保护范围及蓄水保护范围确定、重要公益性功能区划及保护对策研究、开发利用控制指导意见研究、湖泊管理机制研究、规划实施意见研究、综合评价等内容。跨行政区划的湖泊保护规划由湖泊所在地共同的上一级水行政主管部门组织编制,报共同的上一级人民政府批准。要尽快完成洪湖、梁子湖、斧头湖、长湖、汈汊湖等省级试点湖泊的详细规划编制工作,确保于2015年年底前完成纳入保护名录的湖泊保护详细规划。

(2)界定湖泊保护范围。有湖泊保护任务的县级以上人民政府要组织对纳入湖泊保护名录的湖泊进行勘界,划定湖泊保护区和控制区。通过在电子地图上标识定位坐标,划定湖泊保护控制区。在湖泊保护区应立牌公示湖泊保护责任人、责任单位。

(3)推进湖泊生态修复。要大力推进湖泊湿地自然保护区和湿地公园建设,保护和修复湖泊湿地;启动实施湖泊湿地恢复工程,加快环湖生态防护林、水源涵养林工程建设,保护湖泊生物多样性。

(4)实施湖泊保护生态移民。对居住在湖中、岸上无房屋、无耕地的渔民和湖泊保护区内的其他农(渔)民,采取生态移民措施。

(5)强化湖泊监管。建立湖泊健康评估基本方法和技术标准,健全湖泊岸线、水文、水环境、水生态监测体系。水行政主管部门应定期监测湖泊水域岸线,并加强水文、水质监测。制订湖泊巡查制度,落实巡查责任,加强日常巡查,做好记录,编制巡查月报并报湖泊保护主管部门;对巡查中发现的问题要及时通报相关单位进行处理。

3.针对良好湖泊保护湖北省出台的文件与政策

财政部、环保部在全国开展水质良好湖泊生态环境保护试点工作,湖北省梁子湖、洪湖分别于2011年、2012年纳入国家试点。为进一步推进湖泊生态环境保护试点工作,加快项目实施,提高资金使用效益,确保试点工作早见成效,湖北省环保厅、财政厅下发了《关于加快推进水质良好湖泊生态环境保护试点工作的通知》。此外,还有《关于进一步加快良好湖泊生态环境保护项目预算执行及实施进度的通知》《丹江口水库良好湖泊生态保护实施方案》和湖北省环保厅《关于填报全国水质良好湖泊生态环境保护规划信息表的函》等等。

4.专门保护机构的设立

(1)湖泊局。湖北省湖泊局、武汉市湖泊局、鄂州市湖泊局等。

(2)湖泊保护协会。湖北省湖泊保护协会。

(3)湖泊流域管理局。荆州市四湖工程管理局对长湖、洪湖进行管理、荆州市洪湖湿地自然保护区管理局对洪湖进行管理等。

(4)其他民间机构。武汉市江汉区台北街"银发志愿者服务队",主要从事科学保护鲩子湖湖泊水资源,维护宝岛公园生态环境等公益性活动,后被吸纳加入"爱我百湖"公

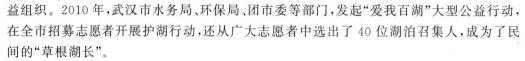

益组织。2010年，武汉市水务局、环保局、团市委等部门，发起"爱我百湖"大型公益行动，在全市招募志愿者开展护湖行动，还从广大志愿者中选出了40位湖泊召集人，成为了民间的"草根湖长"。

5. 管理机构职权划分

荆州市对跨县市区的、具有流域性水利工程特点的湖泊，设置了市管机构。其中，长湖、洪湖由荆州市四湖工程管理局负责建设、管理和调度，玉湖由荆州市三善垸水利工程管理处负责建设、管理和调度。为加强对洪湖和长湖的水产养殖管理和生态保护，又分别设立了荆州市洪湖湿地自然保护区管理局和荆州市长湖水产管理处。关于全市统一的湖泊保护与管理机构设置问题，荆州市人民政府议定暂不成立湖泊管理局，拟先成立荆州市湖泊保护办公室，与市水利局合署办公。目前湖泊保护管理方面的具体工作暂由市水利局农村水利水电科兼顾。

（二）湖北省五大重点湖泊保护体制机制的创新

1. 部门联动，共同保护机制

（1）建立了湖泊保护联动执法工作机制。湖北省环保厅，湖北省林业局等部门对洪湖流域开展联动执法，强化执法力量。

（2）建立了湖泊保护联席会议制度。咸宁市人民政府成立了以丁小强市长为组长、闫英姿副市长为副组长，相关部门负责同志为成员的咸宁市湖泊保护与管理领导小组，建立了湖泊保护管理联席会议制度。领导小组办公室设在市水务局，妥善处理湖泊保护管理日常事务的同时，还积极协调相关部门处理人民群众最关心的涉湖事项，有力地推动了湖泊保护管理协调联动。

2. 投入机制

（1）争取国家保护试点资金支持。省环保厅积极争取梁子湖、洪湖、澴东湖纳入国家湖泊生态环境保护试点，获得国家湖泊生态环境保护专项资金2.86亿元。省林业厅大力加强环湖林业生态建设，每年投入十多亿元，在环湖地区大搞植树造林和封山育林。省农业厅在梁子湖、西凉湖、淤泥湖等大中型湖泊建立国家级水产种质资源保护区30个，以种质资源保护促进湖泊保护；在洪湖、梁子湖等湖泊内拆除超范围养殖围栏35万亩，对全省80万亩湖泊围栏养殖进行了摸底，将以点带面，督导各地清理围网、拦网养殖行为。

（2）争取国际保护组织资金支持。荆州市实施了洪湖湿地示范区建设一期工程及与世界自然基金会合作项目，合理移植水生植物，使洪湖挺水植物、浮叶植物和沉水植物呈现合理化分布，洪湖水生植物量呈几何级数增长。黄石市利用亚行贷款，对磁湖采取全面截污、江湖连通、内源污染清除、水生态修复等措施进行综合治理，取得了良好的示范效应。

（3）列入财政预算增加资金来源。荆州市市政府将湖泊保护列入全市生态环境保护的重要内容，明确规定将湖泊保护工作所需经费列入财政预算。

3. 公众参与保护湖泊机制

（1）结合节日、开展宣传。荆州市利用"世界水日"和"中国水周"广泛深入开展湖泊保护宣传。咸宁市以世界水日、中国水周为契机，将《湖北省湖泊保护条例》摘录出"16条禁令"共印制 10000 份，以市水务局名义在斧头湖、西凉湖的沿湖村庄和群众中张贴与发放。

（2）参加论坛、集思广益。荆州市积极参加"第三届中国湖泊论坛暨第七届湖北科技论坛"相关活动，组织人员，从新形势下湖泊综合治理与保护、湖泊治理资金的投入方式探索、湖泊保护规划的探讨与思考、湖泊水资源管理现状、问题及对策等几个方面，撰写了多篇调研文章，为湖泊治理与保护工作献言献策。

（3）配合媒体、积极推介。荆州市积极配合湖北日报社完成"千湖新记"栏目的采编工作，目前，《湖北日报》上已刊登了 3 篇介绍荆州湖泊的文章，咸宁市也已在《湖北日报》上刊登了斧头湖和西凉湖的"千湖新记"的文章。

（4）参与编写湖泊志。各地市均完成了本地重要湖泊的湖泊志的编撰工作。

（5）全面建立湖泊档案。武汉市通过对每个湖泊的历史、现状、功能、权属、排污口等调查，建立"一湖一档"，并有针对性地研究"一湖一策"。

（6）开通举报热线。武汉市充分发挥群众力量，开通 24 小时湖泊保护举报热线，及时受理违法填湖等涉湖问题举报与投诉，并加强与媒体联动，推出有奖举报。

4. 巡查监管工作

（1）制定巡查方案将巡查工作常态化。黄石市制定了《黄石市关于进一步加强湖泊巡查工作的实施方案》和《市（区）湖泊管理巡查制度》，在全市范围内开展湖泊保护执法巡查工作，把湖泊保护工作纳入常态化管理，各县市（区）也相应制定了其他重要湖泊的保护与管理制度。

（2）建立重要湖泊定期巡查制度。荆州市建立了一周一巡制度，按区域划分了流域水利管理站的管理范围，每周、每月定期开展巡查，其中管理人员必须坚持每周巡查，流域水利管理站主要负责人每两周对辖区内湖泊管理工作进行检查，排灌总站每月月底对各地湖泊管理工作进行检查督办，及时制止巡查中发现的有关违反水法规行为。

（3）推行重点湖泊重点巡查制度。武汉市不断加大湖泊执法巡查力度，市水务执法总队每季度对全市 166 个湖泊巡查一遍，各区水政监察部门每月对辖区所有湖泊至少巡查一次，重点、热点湖泊必须每天巡查一次。

（4）深入推行湖泊"网格化"管理。武汉市每个湖泊有一个"网格化"管理团队和联络人，包括水务执法人员、沿湖单位、湖泊周边群众和志愿者等，真正下沉执法力量、拓宽信息渠道，变被动为主动，加强湖泊巡查保护。

（5）借力技术加强监控。武汉市积极探索应用遥感、视频等科技手段，加强湖泊动态监管，对湖泊敏感区域、重点部位进行视频监控。

5. 责任机制落实

（1）制定考核办法落实考核责任。武汉市制定了《湖泊保护综合管理考核办法（试行）》，将湖泊保护工作纳入市绩效考评指标，并按照"两级政府、三级管理"的原则，将沿湖的社区和企事业单位纳入湖泊保护责任体系,实行湖长制和网格化管理。黄石市在对县级党政领导班子经济社会发展百分制综合考评体系中,明确湖泊保护工作占 3% 的比重。

（2）实行行政首长负责制。潜江市按属地管理原则,把辖区内 15 个湖泊的管理责任落实到相关水利管理站,潜江一是成立了全市湖泊保护与管理领导小组,落实了湖泊保护领导负责制。市政府将湖泊保护和管理纳入政府目标管理,实行乡镇行政首长负责制和部门目标考核制。

（3）层层签订湖泊保护责任状。省政府与咸宁市政府签订湖泊保护责任书以后,咸宁市结合实际与各县(市、区)政府签订了湖泊水库保护责任书。各县(市、区)政府也与有湖泊水库保护任务的乡镇签订了责任书,进一步明确了湖泊水库保护近、远期目标和保护任务。

湖北省省管非重点湖泊保护调查报告[*]

《湖北省生态湖泊保护体制机制研究》项目调研组

湖北素有"千湖之省"的美誉,但是随着工业、农业的快速发展,以及城镇化进程的加快,多年来湖区大面积的人工围网投饵养殖,沿湖城镇污水排放系统的不完善,工业污水的不达标排放,农业生产大量施用化肥农药,湖泊底泥营养物释放等因素的影响,致使湖北湖泊水体污染严重,水质持续恶化。加之围湖垦殖、填湖造地,导致湖北湖泊的数量和面积不断减少,湖北的水生态环境遭到严重破坏。

湖泊作为与人类生存和发展密切相关的资源,不仅具有调洪蓄水、生产生活用水、交通航运、渔业养殖等生产功能,同时也提供生物栖息地、净化水质、调节气候等生态功能,湖泊问题已经成为影响湖北经济社会可持续发展和生态安全的重大问题,因此湖泊保护迫在眉睫。湖北省于2012年5月颁布了《湖北省湖泊保护条例》(以下简称《条例》),并结合地方实际情况,因地制宜地开展了一系列保护措施和体制机制创新。

一、湖北省省管非重点湖泊湖泊保护现状

(一)湖北省湖泊保护立法的制定

2012年5月30日,湖北省十一届人大常委会第三十次会议审议通过了《湖北省湖泊保护条例》(以下简称《条例》)。该条例是我国湖泊保护工作的第一部省级的地方性法规,也是受湖北省委、省人大、省政府高度重视、社会各界广泛关注的一部地方性法规。与此同时,湖北省政府《关于加强湖泊保护与管理的实施意见》也同步出台,结束了湖北湖泊保护"无法可依"的被动局面。

《条例》共9章62条,其中明确规定政府职责的25条,禁止性条文9条。《条例》中规定了十项制度:实行湖泊保护实行名录制度、实行湖泊行政首长负责制、湖泊保护的部门联动机制、湖泊保护联席会议制度、湖泊保护投入机制、建立湖泊生态补偿机制、实行湖

---

* 本报告是2014年湖北省重大调研项目《湖北省生态湖泊保护体制机制研究》研究成果之分报告,报告主笔人:杨柯玲、袁文艺、严念慈、胡云秋等。文章受湖北水事研究中心科研项目经费资助。

泊普查制度、实行最严格的湖泊水资源保护制度、建立湖泊监测体系和监测信息协商共享机制、建立公众参与的湖泊保护管理和监督机制、湖泊保护的举报和奖励制度。

《条例》制定和实施的意义在于：一是明确了政府及相关部门的职责；二是规定了湖泊保护实行政府行政首长负责制；三是明确了水利部门主管湖泊保护工作；四是明确规定了湖泊保护范围；五是突出了湖泊水污染防治和防止侵占湖泊行为；六是强化监督保障公众知情权，为全省的湖泊保护工作指明了方向。

（二）《条例》的实施状况

自《条例》颁布并推行以来，湖北省内及各级地方政府抓住契机，通过完善责任体系、健全管理机构、实施综合治理、编制总体规划、组织巡查执法、开展新闻宣传、强化部门联动合作等举措，逐步推进湖泊保护工作，为实现"让千湖之省碧水长流"发展战略奠定了基础。

（1）管理体制现状

第一，省管非重点湖泊保护责任体系现状

通过调研的14个省管非重点湖泊所隶属的行政区域如武汉、咸宁、黄石、黄冈、荆州、孝感等市均实行湖泊保护行政首长负责制，与涉湖县（区）政府签订湖泊保护责任书。

如武汉市还制定了《湖泊保护综合管理考核办法（试行）》，将湖泊保护工作纳入市考评绩效办组织的市绩效考评指标；按照"两级政府、三级管理"的原则，将沿湖的社区和企事业单位纳入湖泊保护责任体系，实行湖长制和网格化管理。黄石市于2013年成立了"黄石市湖泊保护工作领导小组"，建立了湖泊保护目标责任考核体系。并制定《黄石市大冶湖保护管理工作目标考核办法》，从组织保障、综合管理、宣传监督、污染治理、水土流失治理和违法行为查处打击六个方面将工作目标进行了细化，将大冶湖保护工作纳入了市政府对21个成员单位的目标管理考核体系，并占有较大分值。同时黄石市在对县（区）党政领导班子经济社会发展百分制综合考评体系中，湖泊保护占了3%的比重。黄冈市也编制了《湖泊保护考核办法》，并以遗爱湖为突破口进行目标绩效考核，取得了良好效果，目前正在进一步推进该办法在其他湖泊的运行实施。

第二，省管非重点湖泊保护的管理机构现状

一直以来，湖北湖泊管理部门比较分散，水利、水产、林业均设置了与湖泊管理和保护相关的部门或单位。每个部门的管理职责有明显的交叉与重叠，多头管理和无序管理现象十分严重。自《条例》实施以来，从省级到地方政府，对于湖泊保护和管理的主体和管理机构得到进一步明确和健全。

从省级层面看，省湖泊局于2013年4月正式组建，主要职责就是组织好全省的湖泊、水库的保护和建设、管理工作。省水利厅厅长王忠法兼任湖泊局局长。湖泊局下设综合监管处、湖库工程处两个职能处室。在省里的率先垂范下，武汉市在原水政执法总队基础上组建了市湖泊管理局；黄石市水利水产局加挂了湖泊局牌子；鄂州市成立了湖泊管理局；大冶湖管理局已报市委常委会议讨论通过；孝感、黄冈等市也都在积极筹划组建湖泊局，相关文件已上报当地编委。

从调研的14个省管非重点湖泊来看,不同类型、不同大小、是否跨区域、主要功能不同的湖泊,其管理机构各有不同。这14个湖泊所在的六个地区中,武汉市、黄石市、鄂州市已经成立了湖泊管理局,大冶湖成立了专门的大冶湖管理局,已经报市委通过,其他三个地区如孝感、黄冈等市正在筹划中。

　　(2)运行机制现状

　　第一,省内湖泊保护全部实现了名录制度,部分县市编制了湖泊保护规划。

　　湖北省政府开展了《湖北省湖泊资源环境调查与保护利用研究》项目,根据项目成果,公布了755个湖泊的保护名录。《湖北省湖泊保护总体规划》已编制完成。全省18个30平方公里以上湖泊的《湖泊水利综合治理规划》编制工作基本完成。调研的样本湖泊中,《湖北省斧头湖、西凉湖和鲁湖治理与保护综合规划》和《湖北省长湖治理与保护综合规划》已完成并通过专家审查。此外,省内不少市也积极编制本区域湖泊保护总体规划和专项规划。如武汉市编制了《武汉市中心城区湖泊"三线一路"保护规划》。黄冈市编制了《武山湖周边环境综合整治总体规划》等。

表3　六市湖泊保护规划编制情况统计表

行政单位	湖泊保护规划编制情况
武汉市	武汉市于2012年颁布实施了中心城区40个湖泊"三线一路"保护规划。2013年启动了新城区湖泊"三线一路"保护规划编制工作,其中23个湖泊保护规划已编制完成并报市政府审议,剩余103个湖泊保护规划正全力推进,力争年底全面完成。
咸宁市	咸宁市的《斧头湖、西凉湖和鲁湖水利综合治理规划》已被省人民政府批复,目前正在开展《斧头湖西凉湖两湖连通及江湖连通工程可研报告》的编制工作。嘉鱼县已编制完成《嘉鱼县蜜泉湖大岩湖水利综合治理规划》;下一步,将积极开展全市湖泊保护总体规划的编制,并逐步制定每个湖泊的详细保护规划。
黄石市	黄石市已完成水利综合规划编制的湖泊12个,分别为大冶湖、磁湖(含青山湖、青港湖)、网湖(含大泉湖、赛桥湖、下司湖、石灰赛湖、竹林塘、桥东上湖、伍家湖)。
黄冈市	黄冈市已完成《黄冈市中心城区水域保护规划》《环白潭湖地区控制性详细规划》《遗爱湖截污工程规划》《武山湖周边环境综合整治总体规划》等。起草完成《黄冈市中心城区排污口监督管理办法》《黄冈市中心城区水域保护监督管理办法》和《考核办法》等规范性文件。
荆州市	荆州市已完成洪湖、长湖专项规划的编制。另外16个5平方公里以上的湖泊委托省水科院正在开展治理与保护规划编制工作。
孝感市	孝感市的童家湖、王母湖、野猪湖综合规划已通过省水利厅组织的审查。汈汊湖、龙赛湖综合规划已提交初稿。目前,正协调应城、汉川两市水利局对跨县的老观湖、东西汉湖综合规划进行布置。钰龙集团正在组织编制黄龙湖保护规划。云梦梦泽湖、郑家湖、杨家湖完成规划编制。

二、湖北省省管非重点湖泊保护体制机制存在的问题

　　自2012年5月《条例》颁布实施以来,各地各部门做了大量的工作,取得了一定成效。但《条例》在实际运行的过程中仍存在很多问题,根据调研及各市湖泊保护自查报告

来看,14个省管非重点湖泊所在六市存在的湖泊保护问题见表4。

表 4   六市湖泊保护问题情况统计表

行政单位	湖泊保护存在的问题
武汉市	存在经费不足、执法力量薄弱等问题。
咸宁市	1) 湖泊水利基础设施较差、湖泊围堤现象屡禁不止、过度围栏养殖破坏水生态环境; 2) 经费不足、执法不严、责任落实不严格、考核机制未建立。
黄石市	1) 湖泊受废水排放和围栏养殖投肥污染,水土流失淤积严重,水质普遍较差; 2) 湖泊保护与治理资金来源单一,地方财政压力大,难于满足项目资金需要。
黄冈市	1) 湖泊管理体制尚未理顺。存在多头管理,部门间管理界限不清、职责不明,且大部分湖泊未建立专管机构; 2) 全社会尤其是企业爱护护湖意识不强、湖泊水质仍不达标; 3) 湖泊保护与治理资金投入严重不足。
荆州市	1) 湖泊逐渐萎缩,造成湖泊功能下降; 2) 水环境、水生态和血吸虫问题仍很严重; 3) 水利工程建设问题突出; 4) 湖泊管理体制存在弊端,上下级之间、部门之间、地方之间协调不够,形成了"多头管理,各自为政"的现象,导致湖泊在开发与管理上的混乱。
孝感市	1) 湖泊保护工作处于起步阶段,工作机制还不完善。部分县市区地方首长负责制只落实到县市一级,没有落实到乡镇。部分县市还存在部门之间工作职责不清的现象; 2) 没有成立专管机构,工作人员严重不足; 3) 基础性工作多,需要编制的规划较多,经费不足; 4) 湖泊规划批复进展慢,湖泊保护工作无据可依。

由此可见,湖北省省管非重点湖泊保护虽取得了一定进展,但湖泊保护仍存在的一些突出问题,具体如下:

(一)湖泊保护体制存在的问题

1. 湖泊保护体制尚未理顺

从调研情况来看,目前湖北省湖泊保护"分级、分部门、分地区管理三结合"体制尚未改变,由于管理上的分割性,上下级之间、部门之间、地方之间协调不够,"多头管理,各自为政"的现象依然存在。

(1)管理责任不明,导致水体污染严重。由于各部门对湖泊价值、功能判断的不同,湖泊管理权限和目标存在差异,造成各个管理主体之间职责、权限划分不明,多头管理的模式直接导致各地区、各部门之间工作上各行其是,互相推诿、扯皮的现象时有发生。例如,黄冈遗爱湖虽成立了由园林局主管的湖泊保护机构,但是湖中的渔业养殖密度仍很高,投饵现在屡禁不止,湖体污染未见好转。环保局、水利局和园林局都认为是水产局的责任,但是水产局认为水体污染问题是环保局未能有效生活污水的雨污分流,达标排放的工业污水未能达到渔业养殖的标准,造成渔业损失。同时,园林局认为禁渔后的渔民安置应由水产局负责,但是水产局认为现在遗爱湖的主管部门是园林局,所以禁渔后的渔民安置应由园林局负责。各部门之间的相互推诿造成目前遗爱湖的投鱼和投饵只是

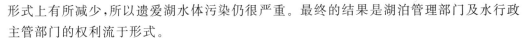

形式上有所减少,所以遗爱湖水体污染仍很严重。最终的结果是湖泊管理部门及水行政主管部门的权利流于形式。

（2）湖泊功能多样,导致部门执法冲突。所调研的非重点湖泊大多具有蓄洪、水产养殖、航运、灌溉、休闲旅游等多种功能,直接参与湖泊管理的有水利、水产、环保、国土、城建等十多个部门,虽然《条例》对每个部门的湖泊保护管理职责进行了划分,但每个部门都按照自己的意愿和法规去管理湖泊,在执法过程中发生冲突的情况仍然普遍存在。

2. 湖泊保护立法不完善

《条例》作为湖北省的地方性法规,是统领全省所有湖泊开展保护工作的主要法律规范,在立法上具有层次高、涵盖广、内容全面的特点,具体条款大多针对在湖泊保护工作中存在的一般性、普遍性问题进行设计,比如条例第 7 条规定县级以上人民政府水行政主管部门主管本行政区域内的湖泊保护工作,但在本条中只列举了水利部门的日常管理权限,没有明确规定其作为湖泊主管部门的职权内容;《条例》第 9 条规定"县级以上人民政府应当建立和完善湖泊保护的部门联动机制,实行由政府负责人召集,相关部门参加的湖泊保护联席会议制度",但在《条例》中并未明确规定部门联动机制的建立程序、方式、内容,也没有对湖泊保护联席会议制度的设立作具体要求;《条例》在湖泊保护规划的制定与衔接、湖泊保护区与控制区的划定、湖泊生态补偿制度的实施、湖泊监测体系和监测信息协商共享机制等条款上内容设计较为原则与抽象,在操作过程中没有配套规范予以衔接,从而使这些制度在实施中可能或已经出现执行不力或立法目的落空的情况。

3. 湖泊保护规划的科学性有待提高

湖北省湖泊的成因、类型多种多样,不同湖泊的利用和保护方式必然有所不同,湖泊保护是一项长期复杂的系统工程,尤其需要有高层次、科学的统一规划,使其与城市发展整体融合,而湖北省规划层面的顶层设计亦存在不足。《保护条例》颁布两年后,《湖北省湖泊保护总体规划》才获得通过,现有的各类专项规划及各湖泊的保护规划过多,编制规划需要有关部门专家的指导,这些又需要经费,地方政府对于编制各类湖泊保护规划会存有疲态。因此各类规划的科学性、针对性、可操作性就不能保证。最终导致非重点湖泊保护长期处于"先污后治、经济发展优先"的状态,保护缺乏科学的规划引导。

（二）湖泊保护体制机制存在的问题

1. 湖泊保护联动机制有待完善

《条例》规定了湖泊保护的部门联动机制,目前从调研的 14 个湖泊来看,孝感市通过的《孝感市人民政府关于加强王母湖、野猪湖保护工作的实施意见》文件中确定了湖泊保护主管部门,明确了部门工作职责,建立了湖泊保护联席会议制度,启动了部门联动机制。黄冈市建立了湖泊保护联席会议制度,但是部门之间的联动还没有启动。

（1）部门利益与区域利益不同导致联动执法动力不足。湖泊保护部门开展的各项执法活动与部门利益联系紧密,即与自身利益相关的就严管、多管,与自身利益无关的就少管、不管,如环保部门只管陆域污染,水产部门只管湖面是否被渔民违规圈占,水利部门主要管理涉湖水利工程、填湖或围垦等。

（2）执法力量不均衡导致联动不足。鄂州的湖泊保护巡查依靠的是原水利部门的执法力量，而大冶湖则是依靠渔政部门的执法力量，环保、国土、交通（海事）、建设等部门基本没有设立专门的湖泊管理单位及执法队伍，联动执法缺乏人员与机构保障；

（3）执法机构级别差异导致联动执法无法开展。如大冶湖管理处是大冶湖的直管机构，按照《条例》实施湖泊保护联动时，时常出现低级别机构联动或协调高级别机构的尴尬局面，管理处是一个科级单位，职工十余人，难以协调沿湖乡镇以及黄石市政府的湖泊执法工作；

（4）湖泊保护日常巡查也缺乏联动，武汉市自 2012 年开始实施《湖泊保护和管理联合执法制度》，但只要求湖泊保护和管理的联合执法每半年开展一次，大量日常巡湖执法工作缺乏联动保障。

2. 各类涉湖规划难以协调一致

按照《条例》的规定，湖泊保护部门在制订各类规划时，应与其他涉湖保护部门联合协商，保证规划之间的协调一致，但调研发现，各部门在规划编制以及规划实施过程中都以各自的利益最大化为出发点，而缺乏沟通协调，甚至有时存在各干各的、互不通气的现象。最后造成湖泊保护规划的科学性不够。同时，在规划管理中，由于湖北省湖泊保护总体规划尚未出台，各项专项规划编制的合理性缺乏评价依据，因此，许多地方存在重规划编制，轻规划实施与评估的情况，从而使各类规划之间难以实现协调。

三、湖北省省管非重点湖泊保护对策建议

（一）加强《条例》配套制度建设，完善湖泊保护法律体系

建议制定《湖北省湖泊保护条例实施细则》（以下简称《细则》），《细则》应明确关于《条例》所确立的重要制度的具体操作方式与实施办法，以明确各相关管理部门的责任与义务，理顺各部门在共同行使湖泊保护职权时的工作机制。其中比较重要的规定应包括：水利部门湖泊主管部门职权的实现途径、方式以及其他相关部门的协作、配合义务；明确规定部门联动机制的建立程序、方式、内容，以及湖泊保护联席会议制度的具体实施办法；湖泊退渔还湖、围网拆除的管理与实施办法；另外，对于湖泊保护责任机制的设计与落实，湖泊保护规划的制定与各种规划之间的衔接，湖泊保护区与控制区的划定程序与方式，湖泊生态补偿制度的实施，湖泊监测体系和监测信息协商共享机制等还需要在《细则》中进一步明确。

（二）科学制定湖泊保护规划

坚持以科学发展观为指导，统筹湖泊个相关部门及专家编制湖泊保护规划。一是围绕湖泊保护目标，认真组织编制湖泊湖综合治理规划，水域保护规划、湖泊截污工程规划、湖泊周边环境综合整治总体规划等。同时应把湖泊保护规划与城市发展规划结合起来；二是湖泊保护规划要根据湖泊的具体情况来编制，湖泊保护要与当地的经济发展进行协调。同时湖泊水环境保护目标的设定与经济发展的目标设定要经过专家评估，不能

拍脑袋进行。

（三）建立湖泊保护规划编制协调机制

规划是湖泊管理、保护和开发的总纲和首要条件,只有在相互衔接、覆盖多行业的湖泊规划指导下,湖泊管理、保护和开发才能协调有序地进行。因此,应在湖泊流域所在行政区域共同的上一级人民政府层面设立湖泊规划协调机构,负责湖泊流域国土规划、综合规划的协调与湖泊流域专业规划、区划规划等的衔接协调。湖泊(流域)各类规划在送审批之前,应首先经过湖泊(流域)规划协调机构进行审议,各部门和地区编制的湖泊(流域)专项规划在送审前,应送湖泊(流域)规划协调机构审议和备案,并就规划与湖泊流域国土规划和综合规划的关系以及对国土和综合规划的落实情况作出说明。规划协调机构中应设立由不同领域专家构成的湖泊规划协调委员会,对各地方编制的湖泊综合规划、湖泊详细规划以及专项规划的目标,尤其是规划中的战略性内容是否协调作出判断,确保全省湖泊综合规划、湖泊流域国土规划的战略设计能够在湖泊专项规划和详细规划中得到体现与深化。在省级层面,应建立湖泊保护规划实施评价制度,由省湖泊保护专门机构对全省各类涉湖规划进行审核或者审查,强化参与规划实施的各部门的责任和任务。使规划具有前瞻性、科学性、可操作性,湖泊的管理、开发和保护工作能够有法可依,有据可查。

（四）完善预警监测体系,构建湖泊保护信息共享机制

当前湖泊保护预警监测工作仍存在监测信息沟通不畅、共享不足等问题,从而导致当前涉湖管理部门按照各自掌握的信息对湖泊进行管理,因此,应着重从加强组织保障、完善业务体制两方面构建湖泊保护信息共享机制。

1. 明确湖泊管理和保护信息共享组织体系

建议湖泊(流域)所在行政区域共同的上一级人民政府明确湖泊管理和保护共享组织体制:在存在湖泊管理机构的情况下,建议设立的湖泊管理机构为湖泊管理和保护信息共享的管理部门;在没有设立湖泊管理机构的情况下,根据湖泊管理和保护问题的性质,可建议综合管理部门或牵头部门为湖泊管理和保护信息共享的管理部门。管理部门负责制度湖泊管理和保护信息的采集、处理、存储、发布、交换、服务、维护、运行等管理制度,制定各部门和地区信息提供、交换、共享的规则和范围。

2. 建立湖泊管理和保护信息共享的业务体制

建议通过政务信息网络(外网平台、内网平台)实现信息的互联互通,建立湖泊管理和保护的业务协作关系,实现政府部门之间的信息资源交换与共享;可以考虑实行集中与分布式相结合的方式建设:湖泊管理和保护的基础性的数据库集中建设,各部门和地区共享;专业业务性的数据库分布建设,各部门按需要有条件共享。基础数据采集由业务主管部门一家采集提供各部门共享,保证数据源头单一性及数据的准确性。

武汉市湖泊保护调查报告

杨卫国*

武汉市拥有 166 个湖泊,享有"百湖之市"的美誉,湖泊是武汉市最大的特色资源。近年来,全市湖泊保护与污染治理工作取得了一定成效,但也还存在一些问题,需要进一步理顺管理体制与机制,规范湖泊保护的开发利用,实现资源管理与经济社会、生态环境的协调发展。

一、武汉市湖泊保护的现状

(一)湖泊保护基本情况

2001 年之前,武汉市没有湖泊保护管理工作的专职机构,湖泊保护的相关法律法规也没出台,没有确切的湖泊数量和面积的统计数据。2002 年《武汉市湖泊保护条例》确定现有 166 个湖泊,湖泊水面面积约 770 平方公里,列入中心城区湖泊管理的有 40 个,大于10 平方公里的湖泊有 15 个,重要的湖泊有东湖、梁子湖、斧头湖、鲁湖、汤逊湖、涨渡湖、武湖、后官湖等。

根据武汉市环境保护委员会《关于 2012 年 7 月武汉市环境空气质量和主要湖泊水质状况的通报》(武环委办〔2012〕14 号)的监测数据,2012 年 7 月全市 69 个主要湖泊中有 26 个湖泊水质达到规定的水质类别标准,占监测总数的 37.7%,其余 43 个湖泊水质不能达到规定的水质类别标准,占监测总数的 62.3%。与 2012 年 5 月监测的湖泊水质状况相比较,有 9 个湖泊水质好转,17 个湖泊水质下降,43 个湖泊水质保持稳定。环保部门监测的 70 个主要湖泊中,水质类别为Ⅱ类—Ⅲ类的有 14 个,Ⅳ类—Ⅴ类的有 33 个,劣Ⅴ类的有 23 个。

(二)湖泊管理现状

1. 湖泊管理机构日趋完善。2001 年组建成立市水务局,市委市政府明确了湖泊保

---

　　* 作者简介:杨卫国(1960—),男,武汉市湖泊局副局长,长期从事水资源保护、资源管理和水行政执法工作。

护管理工作的职能职责。从 2002 年到 2007 年,湖泊保护管理工作归口在市水务局政策法规处。随着湖泊保护工作的日趋繁重,在编制十分紧张的情况下,2007 年底湖北市编委批准市水务局增设湖泊保护管理处,在一定程度上加强了湖泊保护管理力量。2010 年初市水务局机构三定中,调整设置湖泊水库处,承担全市的湖泊保护工作职能。市一级的湖泊保护执法由市水务局委托市水政监察支队承担,各区的湖泊保护执法由各区水行政主管部门委托各区水政监察大队承担。

2. 湖泊保护法规体系日趋完善。为有效保护湖泊,遏制无序填占、侵害湖泊的行为,我市于 2002 年施行全国首部湖泊自然资源保护地方性法规《武汉市湖泊保护条例》,当时市民意见最大、各级领导最为关注的"非法填湖"问题开始得以逐步解决,我市的湖泊保护工作步入了有法可依的阶段。为进一步细化《条例》,武汉市于 2005 年颁布实施了《武汉市湖泊保护条例实施细则》,理清和明确了有关部门之间湖泊保护责任的分工,将湖泊保护的有益实践经验规范化、法制化。

3. 颁布实施了中心城区湖泊保护规划。2003 年年底,根据《条例》第五条规定和市人民政府的工作部署,市水务局开始组织编制《武汉市中心城区湖泊保护规划(2004—2020)》,划定了中心城区湖泊水域保护线,我市中心城区湖泊的数量和面积有了明确的数字。

4. 湖泊综合治理成绩显著。自 2005 年以来,武汉市相继实施了"一湖一景"工程、"清水入湖"截污工程、水质提档升级工程、岸线生态固稳工程、大东湖生态水网构建工程等一系列湖泊治理工程。作为大东湖生态水网构建工程的启动项目,东沙湖连通工程已于 2011 年完成,楚河实现通航,汉街实现开街。中心城区大多数湖泊建成了湖泊公园,湖泊水环境综合治理成效初显,湖泊水质"回升向好"的态势日趋明显和稳定。

二、湖泊保护存在的问题及原因

(一)城市发展与湖泊保护的矛盾

1. 权属、养殖与景观、治理的矛盾。由于湖泊的多种功能,其所有权、使用权归属不同的企事业单位或村集体,管理权也因体制分属不同的政府部门,这是历史形成的。过去鼓励养殖等生产活动,以满足社会需求,高密度水产养殖也曾获国家科技进步奖。随着经济社会的发展和人民生活水平的改善,人们对湖泊景观的需求不断提升,认识到投饵投肥网箱高密度养殖加重了湖泊富营养化,认识到过度开发利用破坏了湖泊环境,要求政府对湖泊进行治理。在治理中,湖泊权属人不一定具备治理的能力和资金,由政府出面治理就要理顺权属利益关系,调整湖泊使用功能,妥善安置以水为生的群众。如:张毕湖位于硚口区易家街额头湾村,湖泊蓝线控制面积为 48.77 公顷,蓝线控制长度为 6.74 起啊米,绿线控制面积为 83.87 公顷,湖区目前分为三块水域,分别为东侧子湖(17.48 公顷)、西侧子湖(16.38 公顷)和南侧子湖(14.19 公顷),三个子湖分属额头湾村、东风村、东风养殖场。1996 年,市园林局向额头湾村、东风村、东风养殖场三家单位每年缴纳 100 万元租金,租用张毕湖部分湖区建设竹叶海公园,但水域部分依然从事养殖,由于高密度养殖,对湖泊水质影响较大。又如:竹叶海位于硚口长丰街东风村,湖泊蓝线控制面积为 18.69 公顷,蓝线控制长度为 2.21 千米,绿线控制面积为 44.62 公顷。由于土地属于集体所有,自 20 世纪 80 年代初开始,东风村将竹叶海水面分割成一块一块的小鱼塘承包给村民用于养殖业,目前湖泊蓝线范围内被分割为 19 个小塘,分别用于养鱼、种菜和种藕,高密度的养殖业严重污染水质,老的居民住房和鱼棚依湖而建。随着城市的发展,该地段完全没有水源,造成竹叶海的水塘无水可补,基本干涸,大多村民选择在湖底种菜。

2. 房地产开发和公众诉求的矛盾。当前,武汉市内可供开发的土地已非常有限,城市发展使得湖泊及其周边受保护的范围成为各方竞相攫取的土地空间,宝贵的湖泊资源成为开发商销售房地产的卖点,周边土地的增值、湖泊的优美环境为少数人独享,城市的盲目发展也危害了湖泊环境。随着社会的进步和生活水平的提高,公众要求开放湖泊空间、保护湖泊水面的诉求日益强烈。特别是在湖边拥有房产进行涉湖投诉的群众较多,一方面其房产是占据湖滨湿地所建,加重了水体污染,另一方面因填湖或水质恶化影响房产升值或生活环境变差而反应更为强烈。如:塔子湖地处江岸区后湖街辖区,占地 1150 亩,水域面积 478 亩,周边与"三村一线"接壤,即:跃进村、塔子村、新春村及中环线北段,权属武汉市国营汉口渔场。1996 年经招商引资推介,汉口渔场与新世界集团合作,组建了"武汉新汉发展有限公司",在塔子湖周边建设了梦湖香郡小区。塔子湖环湖四周为梦湖香郡别墅小区,小区物业为保护业主的私密性,前期只对外开放湖边 4 个大型广场式亲水平台,环湖 2.3 公里栈道分别设置了 7 个铁栅栏,只有梦湖香郡物业发放的磁卡刷卡方可进入,湖泊成为少数人享有的资源,影响了湖泊的社会公共使用功能。据不完全了解除了市民熟知的东湖、沙湖、南湖等湖泊周边有在建的楼盘在销售,甚至连远城区的黄陂的木兰湖、汉南的桂子湖等,也都有楼盘在售。其中围绕汤逊湖的楼盘则最多,各种各样号称临湖、望湖的楼盘,在售和已建待售的多达 19 个。

3. 新城区的快速发展与湖泊保护的矛盾。当前中心城区湖泊修复工作刚刚开始,江湖连通刚起步,而远城区特别是城郊结合部的快速发展使得湖泊水环境污染明显加剧,远城区湖泊正在重蹈中心城区湖泊"先污染后治理"的覆辙。中心城区南湖就是"先开发,再污染,后治理"的典型例子,治理速度赶不上污染速度。"教训非常惨痛,关键在于没有先治污再开发,缺乏科学规划,导致沿湖住宅开发过于盲目",阮书记在省人大会议分组讨论时说,"南湖不治理好,对人民无法交代"。"十二五"武汉市实现跨越式发展的希望在新城区,"先污染后治理","穿新鞋走老路",将来越来越大的治理成本,将使新城区背上沉重的包袱。在新城区注重经济跨越式发展的同时我们也看到由于湖泊截污工程的不完善和不配套,造成部分湖泊污染严重,如新洲区阳逻新城、江夏区金口新城、黄陂区的盘龙城开发区内的湖泊,已有部分湖泊出现污染较重的现象。

（二）长效管理机制与湖泊保护的矛盾

1. 湖泊保护行政首长负责制有待细化,湖泊考核制度有待完善。为落实好湖泊管理责任,按照我市"两级政府、三级管理"的城市管理体制,市区两级政府就湖泊保护进行了分工,部分权限下放至区,并参考外地经验,探索建立湖泊保护的"湖长"制,目的是建立湖泊保护的行政首长负责制,要求武汉市各区人民政府区长为辖区内湖泊的区湖长,对辖区内湖泊保护管理负总责,并为中心城区湖泊和新城区部分重点湖泊明确一位区级领导为湖长,作为今年治庸问责的工作之一,向社会公布了中心城区的湖长名单,收到了良好的社会效果。但武汉市的《条例》《细则》对此没有明确要求,在法规、政策上缺乏制度支撑。

《细则》第4条明确规定了"市、区人民政府应当将湖泊保护工作纳入政府目标管理,加强对水务、规划、国土资源、城管执法、环保、农业、林业、园林绿化等部门的目标考核。湖泊保护工作的目标管理应当包括湖泊执法巡查、检查和湖泊整治、责任追究等内容"。在执行《条例》和《细则》的过程中,实现目标考核现在分三个层次:一是市政府与各区(管委会)签订的年度湖泊保护和污染治理的工作目标;二是将湖泊水面环境纳入大城管考核体系,在大城管考核体系的100分占4%的考核比重,每月由大城管委托第三方对湖泊环境进行考核;三是市水务局组织制定的系统内部的《市水务局湖泊保护综合管理考核办法(试行)》的考核,由市水务局组织每季度对各区(开发区、风景区、化工区)水务局(建管局、水域管理局、规建局)进行考核,建立了湖泊考核专项奖励资金,年终对湖泊保护和管理工作进行考评中获得现金的部门和单位进行奖励,对考评结果进行通报。虽然存在三个层次的湖泊保护和管理考核,但是在现实执行中还存在考核的合力不够,考核的力度不强的现象。

2. 湖泊多头监管管理责任落实不到位。由于湖泊及其周边存在着城中村、违建、权属、养殖、历史上的沿湖开发等问题,这些复杂的情况使得部分湖泊及其周边环境脏乱差,蓝线至绿线之间的绿地环境问题突出,环湖道路不通畅,绿线到灰线间的外围控制范围内的环湖空间"私有化",市领导也因此明确要求通过修建环湖路、植树、建设"绿道"等方式,实地明确湖泊保护管理范围,维护好周边环境,实现湖泊岸线固稳。《条例》《细则》厘清明确了水务、环保、城管、规划、园林、农业、林业等部门对湖泊及其周边的管理职责。在实际工作中,虽然划定了湖泊"三线",明确要求各部门协调一致工作,但分头落实起来的效果并不令人满意。

为落实好湖泊管理责任,按照武汉市"两型社会"建设的"两级政府、三级管理"的城市管理体制,市、区两级政府就湖泊保护进行了分工,部分权限下放至区。但是目前湖泊管理现状与市领导的要求相比,与人民群众的期望相比,还有很大差距。湖泊管理虽以水务部门为主进行,但这不仅仅是水务一个部门的事,需要进一步健全湖泊日常管理机制,使各部门密切配合,协同一致。

3. 湖泊管理队伍不适应形势的需要。在《条例》实施之初,湖泊管理仅限于湖泊水域蓝线内违法填湖的处理和蓝线水域及上方空间的许可监管。现在不但延伸到湖泊周边塘堰的管理,而且由于城管革命延伸到了湖泊周边环境的管理,还要求对水华、死鱼等紧急事件进行应急处置,并要求综合考虑湖泊地下空间的开发利用。法律法规的要求及形势的发展,赋予了水行政管理部门繁重的湖泊保护管理监督职能,要求的是对湖泊的全方位立体管理。

目前湖泊管理面临的局面是既无有效的机制，又无管理的权威，管不了队伍，管不了帽子，管不了资金，只要求管事和承担责任。现在的湖泊执法队伍及装备，依然是《条例》颁布时配备的，执法巡查车辆趋于报废，与法律法规赋予的湖泊管理的职能任务不相适应。目前形势要求的湖泊环境日常管理队伍和资金，仅江汉区、武昌区于2011年开了个头，分别成立了湖泊管理所，区财政列支了固定的管理经费，两个区的工作走在了全市的前列，其他区水行政管理部门均无相应的管理机构。湖泊保护执法人员编制和经费均有较大缺口。如：几个开发区没有专门的水政执法队伍，制约了对违法填湖等行政违法行为的巡查管控和案件处理工作。

4. 湖泊保护缺乏稳定的资金投入。《条例》第3条规定"市、区人民政府应当将湖泊保护纳入国民经济与社会发展计划"，《办法》第19条规定"市、区财政部门应当统筹安排，建立湖泊整治专项资金用于湖泊整治工作，并建立稳定的专项资金增长机制"，市区两级在实际工作中落实的都不够好，湖泊保护管理的日常经费未纳入财政保障，湖泊整治市区投入的比例也不明确，政府财政缺乏对湖泊公益事业的稳定投入。

按照目前城市建设格局，在湖泊水环境治理工作的分工方面，城投负责污水收集处理设施建设，水投负责水网构建与水环境修复，地产集团及有关区承担分湖泊公园的景观建设，资金渠道繁多，计划无从归口，而作为承担湖泊保护职能的水务部门，最基本的投入数字都无从统计。湖泊水环境治理公益性很强，对于这些融资平台来说，没有具体的收益，有的都是义务，治理投入基本依赖于其主观意愿及其所面临的宏观经济形势，"临时动议"的色彩较为浓厚，而湖泊保护不能靠临时动议，更不能一味强调责任忽视保障。

5. 湖泊保护宣传工作力度不强，引导社会参与不够。在湖泊保护工作中虽然开展了各式各样的宣传活动，但是宣传力度还不够强，存在领导、市民、爱护志愿者对湖泊保护工作存在的误解，对湖泊定性及湖泊保护和管理工作部门职责履职情况存在疑问。如：对填占湖边塘都认为为填湖、对湖边建设密度不满意、对湖泊周边环境问题不满意等。

（三）湖泊保护法律法规滞后与湖泊保护的矛盾

1. 违法填占湖泊依然是湖泊保护管理的难点。《条例》对违法填湖行为的处罚是，由水行政主管部门责令停止违法行为，限期恢复原状或者采取其他补救措施，并处以5万元以下的罚款。填、挖、罚合起来看，处罚的代价并不低。但总的来说，罚款5万和填1亩的数百万的收益相比，违法成本低，违法收益高，罚款数额没有震慑力，规定已落后于经济发展形势。

2. 占用湖泊许可监管手段缺乏。对于在湖泊保护范围内的建设项目，许可中要求对施工需要修筑的便道、围堰等临时设施做到工完场清；未及时清除的由水行政主管部门代为清除，所需费用由建设单位承担。临时便道等占湖土方清除的是否彻底，取决于施工单位的责任心，而施工单位是以利润为导向的，实际执行中用在督促清除上面的行政成本太高。现有的湖泊管理体制没有代为清除的力量，即使是通过行政手段，由区里代为清除后，也难以由建设单位承担费用。目前的制度设计和执行程序过于理想化，在落实中面临着"违法成本低、执法成本高"的怪圈。

3. 国家重点工程及市政公共基础设施占用湖泊的情况较多。目前国家重点工程及市政公共基础设施占用湖泊的情况较多，经过建设单位提出申请，市水务局进行审核，报市人民政府批准后，可以永久或临时占用湖泊水面。部分建设项目为避免征地拆迁降低工程实施的难度，或保留土地用于招商引资，即使能从陆地上走，也偏向于选择从湖上走。即使经过了合法程序，客观上减小了湖泊水面，这与今年市领导提出"湖泊数量一个也不减少、面积一点也不缩小"的要求不相符合。

三、湖泊保护的对策及建议

（一）统筹区域发展调整湖泊功能，促进湖泊保护和管理

1、加快理顺湖泊权属关系，逐渐实现湖泊产权国有化，推动中心城区的湖泊退养工作。湖泊的权属关系制约着湖泊综合治理工程，在开展湖泊生态修复工程中，主管部门应采用武昌区外沙湖的租用模式、东湖新技术开发区的小南湖土地置换模式、结合城中村改造购买的模式，逐步将湖泊产权和使用权收归国有，使湖泊得到有效的管理、保护和整治。中心城区的湖泊养殖退养工作应严格落实武汉市政府常务会于 2012 年 8 月 20 日原则通过的《武汉市现代都市农业发展空间布局规划》。根据该规划，武汉市三环线以内及新城区城关、新城区组团，三环线以外禁止从事农业生产的森林、湿地湖泊、水库建设用地，被列为农业产业禁止发展区，该区域内禁止畜牧养殖，湖泊全部退出水产商品化养殖。其中三环线以内，新城区城关、新城区组团 21 万亩养殖面积全部退出水产养殖，并在江河湖库全面推行生态养殖。对中心城区已逐步开展退养工作的南湖、墨水湖、龙阳湖坚决执行退养政策，落实生态养殖，促进湖泊水质的提档升级。

2. 加快"一湖一景"建设，逐渐开展湖边绿地建设，推动环湖路建设。一是着力开展"一湖一景"建设。2005 年以来，武汉市陆续实施湖泊"一湖一景"工程，中心城区换子湖、塔子湖、小南湖、西北湖、机器荡子、后襄河、菱角湖、张毕湖、莲花湖、月湖、紫阳湖、四美塘、水果湖、内沙湖、三角湖等 16 个湖泊已建成湖泊公园，外沙湖、北太子湖、南湖、墨水湖、金银湖等湖泊正在建设湖泊公园和景观工程。二是加强湖泊周边绿化建设。在湖泊保护中，尽量扩大湖泊周边绿地面积，建成湖泊公园向市民开放。在中心城区，现状条件具备的，确保绿化用地线以湖泊水域线为基线向外延伸不少于 30 米；现状条件不具备的，结合城市改造，逐步实现绿化用地线以湖泊水域线为基线向外延伸不少于 30 米。在远城区，建设用地一般较为宽余，在已编制的部分湖泊保护规划中，绿化用地线以湖泊水域线为基线向外延伸不少于 30 米仅是基本要求。三是推动环湖路建设。

3. 加快出台中心城区"三线一路"保护规划，推动新城区湖泊"三线一路保护规划"的编制。2003 年年底，根据《条例》的规定和武汉市人民政府的要求，市水务局开始组织编制《武汉市中心城区湖泊保护规划（2004—2020）》（以下简称《2004 版规划》），2005 年年初武汉市人民政府以武政办〔2005〕9 号文颁布实施，划定了中心城区湖泊水域保护线（简称"蓝线"），武汉市中心城区湖泊的数量和面积有了明确的依据。自《2004 版规划》实施

以来,我市城市建设日新月异,相关规划陆续颁布实施,需要依据实际情况,实事求是地对《2004版规划》进行修订。由市水务局会同市规划局、园林局,委托市规划院、防洪院、园林院、勘测院,联合编制《武汉市中心城区湖泊"三线一路"保护规划》,在修订中心城区湖泊蓝线的基础上,同时规划绿化用地范围线(即"绿线")、外围控制范围线(即"灰线")和环湖道路体系,已于2012年5月28日市政府常务会议审议通过,待审批后立即向社会公告,以便全社会来共同参与湖泊保护和管理。

规划是龙头,是蓝图,是行动纲领。湖泊保护规划为各级政府在湖泊周边引进工业、商业、开发建设项目时提供参考和约束。按照《条例》对编制湖泊保护规划的分工,新城区范围内湖泊,由所在区编制湖泊保护规划并批准,报武汉市水务局备案,建议各个新城区积极编制辖区内湖泊的保护规划,为湖泊及其周边的产业发展做好布局,适时调整湖泊功能定位,统筹规划好周边的城市建设,平衡好开发与保护、发展与生存的关系,生态先行,保护优先,舍弃短期的经济利益。目前按照武汉市委市政府的工作部署,市水务局草拟了《武汉市新城区湖泊保护规划编制工作实施方案》,方案明确了规划目标、规划的编制、审核和报批、工作经费的分摊等,用2年左右的时间,到2014年完成新城区126个湖泊保护规划编制工作。新城区的湖泊保护规划计划划定水域保护线("蓝线")、绿化用地线("绿线")、外围控制范围线("灰线"),并规划环湖道路体系,明确新城区湖泊的规划控制范围。市委市政府应强力推动各新城区积极配合市国土规划、水务、环保部门做好新城区的湖泊保护规划,并做好规划经费的保障工作。

(二)完善湖泊保护管理体制建设,明晰湖泊管理责任

1. 推动建立"一湖一长"体系建设,完善湖泊保护考核制度。《湖北省湖泊保护条例》第6条规定:"湖泊保护实行政府行政首长负责制。上级人民政府对下级人民政府湖泊保护工作实行年度目标考核,考核目标包括湖泊数量、面(容)积、水质、功能、水污染防治、生态等内容。具体考核办法由省人民政府制定。湖泊保护年度目标考核结果,应当作为当地人民政府主要负责人、分管负责人和部门负责人任职、奖惩的重要依据。"一是按照"两级政府、三级管理"的城市管理体制,落实湖泊保护的行政首长负责制,各区人民政府区长为辖区内湖泊的区湖长,对辖区内湖泊保护管理负总责;对于中心城区湖泊和新城区部分重点湖泊,明确一位区级领导为湖长,明确一位处级干部为该湖长的联络员;对于跨街(乡、镇、场)的岸线较长的湖泊,明确街(乡、镇、场)的领导为相应段的湖段长。要求各区与辖区内沿湖街(乡、镇、场)及沿湖社区(村)、企事业单位以及区内承担湖泊治理任务的部门和单位签订湖泊保护目标责任状,逐级分解落实湖泊保护管理责任。二是建议市政府将湖泊保护和管理工作纳入市级的目标管理考核体系中,把湖泊保护和管理工作的考核指标纳入各区(管委会)、水务、规划、国土资源、城管执法、环保、农业、林业、园林绿化等部门的目标分值中,逐步推行实现湖泊保护和管理工作一票否决制度,强化考核体系,促进湖泊保护和管理。

2. 推动理顺湖泊管理职责,完善部门的联动机制建设。一是理清湖泊管理职责,建立联动机制。《湖北省湖泊保护条例》第9条规定:"县级以上人民政府应当建立和完善

湖泊保护的部门联动机制,实行由政府负责人召集,相关部门参加的湖泊保护联席会议制度。联席会议由政府负责人主持,日常工作由水行政主管部门承担"。今年武汉市委组织部、市编办、市法制办对十个突出问题涉及的部门管理责任作了进一步的明确,市人民政府办公厅印发了《关于进一步明确沿街违规开设门店等十个突出问题涉及部门管理责任的通知》(武政办〔2012〕83号),明确市水务局为"湖泊保护和管理"的牵头责任部门,明确了环保、城管、规划、园林、农业、林业等部门湖泊保护和管理工作的职责及责任,并要求建立湖泊保护和管理的部门联席会议,健全湖泊保护和管理的部门联动机制。市水务局在市委组织部、市编办的支持下建立了湖泊保护和管理工作联席会议制度、投诉受理处置机制、通报工作制度、联合执法制度、检查督办制度、工作问责制度。建议市政府加强督促各区(管委会),水务、环保、城管、规划、园林、农业、林业等部门结合湖泊保护和管理工作联动机制,建立并细化本部门的内部工作制度和各项要求。二是进一步明确湖泊保护责任单位的责任。《条例》第7条明确"湖泊保护的责任单位应当按照本条例的规定,合理利用湖泊,负责湖泊规划控制范围内的绿化和湖泊水面的保洁工作,对填占、侵害湖泊的行为应当及时制止,并向水行政主管部门或者有关部门报告",规定了湖泊保护责任单位的义务。同时,《条例》第4条明确"湖泊的管理单位为湖泊保护的责任单位",这一规定比较笼统,易于将"湖泊保护的责任单位"误读为水行政主管部门及有关行政主管部门,给管理工作带来了困扰。建议进一步明确,湖泊的权属单位、使用单位、沿湖街(乡、镇、场)及沿湖社区(村)、企事业单位为湖泊日常管理的责任单位,明确湖泊管理责任单位的义务和责任,积极承担《条例》第7条明确的义务。

3. 推动设置湖泊管理专设机构,完善管理队伍的能力建设。当前,武汉市湖泊保护管理的制度已经基本完善,面临的深层次问题说明相关的体制机制没有跟上,现有的湖泊保护管理体制力不从心,制约了湖泊功能的有效发挥。优美的湖泊环境,也是武汉经济社会实现新的跨越发展的生产力,亟需成立湖泊保护管理的统筹机构,整合现有力量,整合现有事务,加强执法监管力量,完善考核机制,以有机统筹包括远城区在内的湖泊保护与管理。湖泊保护管理工作正在逐渐加强。目前中央、省、市对湖泊保护的认识日益深化,2011年中央一号文件要求加快水管体制改革,省里的湖泊条例也颁布施行了,为此省里在水利厅内部增设了湖泊管理局。形势的发展,需要成立湖泊保护管理的统筹机构,整合现有力量,整合现有事务,加强湖泊的日常保护管理。在这样的形势下,武汉市推动成立湖泊管理局,不但是加强我市的湖泊保护管理的需要,也可以实现与省里部门的归口管理,得到国家、省里对武汉市湖泊保护的支持。成立湖泊管理局,整合现有队伍,在执法监管上加强湖泊保护的强制力量,由事前审批向事后监管并重转变;在规划治理上加强湖泊保护的技术力量,谋划更多的像"大东湖"这样的在全国有影响的湖泊治理项目。目前,武昌区成立了湖泊保护站(编委核人)、江汉区成了湖泊管理所(编委核编21人),在全市带了个好头,建立了湖泊保护专职的管理机构。建议各区根据辖区内湖泊数量及水域面积,核定湖泊管理人员及管理经费;区级设置湖泊保护管理的内设机构,或委托专门机构进行保护和管理,建立稳定的湖泊管理队伍,标准可按每平方公里水面1—3人。

4. 推动建立稳定的湖泊资金投入渠道,明确资金归口管理计划。一是建立湖泊保护各级财政稳定、持续的投入机制。湖泊保护具有很强的公益性,靠的是"长有计划、短有安排",需要财政有稳定的投入机制,明确专项资金渠道。目前武昌区、江汉区财政已基本明确了湖泊保护管理经费,在全市开了一个好头,建议市政府及各区明确湖泊保护管理经费渠道,保障湖泊管理的日常工作所需经费。二是建立湖泊保护治理投融资制度,提高市级投融资平台对湖泊保护工作的融资力度。建议各区在湖泊周边城中村改造中,应将土地整理打包收益的10％用于湖泊治理。各融资平台在湖泊周边进行土地打包中,将土地收益的10％用于湖泊治理。市政府及各区切实将湖泊保护纳入发展计划,这是为湖泊保护工作提供原动力的"发动机",这样才能保证湖泊保护工作的可持续性和稳定性。三是明确湖泊治理经费基本归口管理。目前在市委市政府的统一部署下,城投、地产、水投等平台在水环境治理方面投入巨大,这些投入计划在水行政主管部门应有基本的归口管理,做到全面统计分析,便于为政府决策提供辅助。四是建议各区应探索建立引入市场机制,鼓励社会资金进入湖泊生态修复工程的机制。

5. 推动湖泊保护宣传工作,引导社会公众用理性的思维参与湖泊保护管理。广泛宣传,营造湖泊管理保护气氛。加强湖泊保护宣传、提高广大人民群众保护湖泊、遵守湖泊管理秩序的法律意识,营造湖泊管理保护的良好氛围。其一是阶段性宣传,结合"世界水日"和"中国水周"采取发宣传画、宣传单,设立宣传台等形式开展宣传;其二是长期宣传,利用广播、电视台、报纸杂志和网络,开展宣传;其三是重点宣传,针对湖泊周边的特定项目、特定人群展开集中宣传。

全民参与,建立湖泊保护志愿者体系。全民就是要顺应民意,让生态文明建设成为全民的自觉行动。环境问题实质上是生产方式、生活方式问题。一般情况下,可以通过法律法规的要求规范人的行为方式,从而达到转变生产生活方式的目的。但人的行为更多的是受思想意识的支配,受文化的影响。最近几年普通百姓都很关注湖泊保护,大部分人都愿意为湖泊保护做出贡献,已基本形成了一种良好的文化氛围,成为一些环保行动得以顺利开展的群众基础,也是湖泊保护最强大的力量源泉。他们顺应人民群众的愿望,广泛深入地开展环境湖泊宣传教育活动,提升老百姓的湖泊意识,使湖泊保护得到老百姓的真心理解、支持和参与,建立湖泊保护志愿者服务体系,充分发挥志愿者在保护湖泊中的作用。正确引导和支持"绿色江城"等环保组织和环湖社区参与湖泊保护工作。充分发挥环保志愿者组织和居民群众的宣传、教育、监督等作用。

调动社会管理的积极性,建立湖泊保护的公众参与机制。改变"公众提意见——管理部门处理意见"的消极被动方式,将公众力量和非政府组织、民间团体纳入到湖泊保护管理的规划编制、实施及监督等工作中。鼓励开展湖泊保护行动,对违法侵害湖泊的行为进行检举,对于制止了重大湖泊污染和破坏的单位与个人给予物质奖励。

（三）修订湖泊保护法律法规,加大湖泊保护执法力度

1. 推行对违法填湖行为执行最严厉处罚制度。为加大对违法填湖行为的震慑力度,不但从质上明确定性违法行为,而且从量上明确违法填湖行为的程度,建议在限期恢复

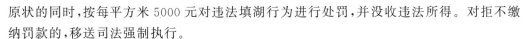

原状的同时,按每平方米5000元对违法填湖行为进行处罚,并没收违法所得。对拒不缴纳罚款的,移送司法强制执行。

2. 推行最严格的许可监管制度。建议对临时占用湖泊的设施,用经济手段督促建设单位及时清除,按水下方量为单位,根据实际的水下清淤的费用,收取临时设施占用湖泊的清除保证金;工程竣工后,经验收确认彻底清除的,全额返还保证金;对于超期占用湖泊水面的,按照每平方每天100元,收取超期占用费。对拒不缴纳超期占用费的,移送司法强制执行。

3. 推行永久占用湖泊的占补平衡制度。当前占用湖泊的建设项目,在许可前要求完成立项、规划和环评程序。占用湖泊施工时,选择土便道或钢栈桥等不同的施工工艺,对湖泊水环境的影响有着显著的差别,而目前的环境影响评价对这方面考虑得不够细致。为探索解决这一问题,结合近两年的优化审批程序,要求在占用许可前进行湖泊水环境影响评价,一方面提高建设单位对湖泊保护的认识,另一方面是就建设施工对湖泊水环境的影响作出评价。

由于目前的湖泊水环境影响评价是结合许可在进行,只能对已经选定的施工方案进行评价,错过了建议修改施工方法的有利时机。建议比照水土保持方案,将湖泊水环境影响评价的结果,作为环境影响评价报告书的一部分,在项目前期督促建设单位选择对水环境影响小的占湖施工方案。

建议对占用湖泊提出更高的要求,明确要求对永久占用的湖泊面积要"占补平衡",就近征地挖出相应的水面,并与主湖连通,将占用的水面还给湖泊。如果不具备就近还补的空间条件,应比照水土保持法规定的水土保持费,建设单位缴纳当地征地、拆迁、挖湖相当的费用,由水行政主管部门选择其他临湖的空间进行还湖,或者用于湖泊治理,为落实武汉市领导提出的"湖泊面积一点也不缩小"提供制度保障。

黄冈市湖泊保护调查报告

2014 年 7 月 10 日,湖北水事研究中心研究员杨珂玲、石黎赴黄冈市林业局、水利局、环保局、水产局和黄冈市遗爱湖管理处分别展开湖北省生态湖泊机制的调研活动,以了解黄冈市湖泊保护体制机制建设与实施方面所取得的经验及存在的问题,并针对调研情况和文献调查提出对策和建议。

一、黄冈湖泊基本情况

黄冈境内湖泊主要分布在长江冲积平原和构造侵蚀低丘之中,湖泊形态各异,大小不等。据 2012 年"一湖一勘"的调查,黄冈市现有湖泊 166 个,被列入湖北省第一、二批湖泊保护名录的湖泊有 114 个,其中:第一批湖泊保护名录有 38 个,水面面积在 1 平方公里以上的湖泊 25 个,1 平方公里以下城中湖泊 13 个;第二批湖泊保护名录有 76 个,主要是水面面积在 0.067—1 平方公里的非城中湖泊。

龙感湖是位于湖北省和安徽省交界处的一个淡水湖泊,为湖北省黄冈市黄梅县和安徽省安庆市宿松县共有。目前已成立龙感湖管理区和湖北龙感湖国家级自然保护区管理局。流域面积 1318 平方公里,湖底高程 10 米,常年水位 13.2 米,常年水面面积 60.0 平方公里,多年平均入湖径流量约 7.06 亿立方米。目前该湖以防洪蓄涝、养殖、供水为主,丰、枯水期水质类别均为 III 类。

赤东湖在蕲春县境,西距长江仅 2.5km,系长江河床摆动遗留的堤间洼地湖。目前已成立赤东湖国家湿地公园。流域面积 553 平方公里,湖底高程 13.5 米,常年水位 17 米,常年水面面积 39 平方公里,多年平均入湖径流量约 2.96 亿立方米。目前该湖以防洪蓄涝、灌溉、旅游景观为主,丰水期水质类别 V 类、轻度富营养,枯水期水质类别为 IV 类、轻度富营养。该湖水利综合治理规划已通过省水利厅审查。

武山湖是武穴市城中湖,目前已成立武山湖国家湿地公园管理处。流域面积 628 平方公里,湖底高程 13 米,常年水位 14.5 米,常年水面面积 16.3 平方公里,多年平均入湖径流量约 3.58 亿立方米。目前该湖以防洪蓄涝、灌溉、养殖为主,丰、枯水期水质类别均为 V 类。该湖水利综合治理规划正在编制中。

遗爱湖位于黄州科技经济开发区西侧,是黄冈市城中湖,目前已成立遗爱湖风景区管理处,属园林局管辖。水域面积约 2.94 平方公里,平均水深 2 米,水质 IV—V 类。目前该湖以养殖、旅游、公益娱乐为主。该湖水利综合治理规划已编制,由黄冈市市长挂班"湖长"负责治理。

二、黄冈湖泊保护与管理中存在的问题

近年来,尽管全市在湖泊保护与管理方面做了大量工作,取得了一定成效,但总的来看,仍存在一些问题。

一是湖泊管理体制尚未理顺。存在多头管理,部门间管理界限不清、职责不明,且大部分湖泊未建立专管机构,没有严格执行《湖北省湖泊保护条例》。

二是全社会尤其是企业爱湖、护湖意识不强。涉湖违建、堆放渣土、围湖造地(田)、投肥养殖、污水不达标排放等行为时有发生。

三是湖泊水质仍不达标。目前全市监测评价的遗爱湖、白潭湖、青砖湖、黄婆汉、黄草湖、武山湖、太白湖和龙感湖等湖泊,仅龙感湖水质正常,其余湖泊均受到污染,其中遗爱湖、白潭湖和青砖湖为劣 V 类。

四是湖泊保护与治理资金投入严重不足。湖泊保护与治理是一项庞大的民生工程和系统工程,涉及退池还湖、截污治污、生态修复等方面,需要大量资金投入,目前投入严重不足。

五是管理问题。管理的难点在于湖泊保护与经济社会发展之间的关系难以协调,涉湖违法成本低、执法难度大。大部分湖泊所在地政府、企事业单位等受制于城市空间发展和高地价,往往有填湖、占湖的冲动。湖泊高密度养殖、投饵问题仍很严重,湖泊水质问题表面上看在湖中,实则根子在岸上,只要排污问题不解决,水质就很难改善。

三、对 策 建 议

《湖北省湖泊保护条例》和湖北省省政府《关于加强湖泊保护与管理的实施意见》出台后,黄冈市市委、市政府高度重视,认真贯彻执行。一是成立了由市长任组长,分管副市长任副组长,相关部门负责人为成员的市湖泊保护与管理工作领导小组;二是与各县市区政府签订了湖泊保护责任书,进一步落实县、市、区党政一把手亲自担任湖长制,高端搭建湖泊保护与管理平台,推进重点湖泊的保护、治理;三是印发了湖泊保护联席会议、投诉受理、巡查通报、联合执法、检查督办、工作问责等相关制度,进一步强化部门职责、明确事权划分;四是以市人大"问水"为契机,扎实开展中心城区水域保护工作,组织编制了《黄冈市中心城区水域保护规划》《黄冈市中心城区蓝线专项规划》《遗爱湖截污工程规划》等规划;起草成立了《黄冈市中心城区蓝线管理办法》《黄冈市中心城区排污口监督管理办法》《黄冈市中心城区水域保护监督管理办法》和《考核办法》等规范性文件,为市中心城区水域保护奠定了制度基础。

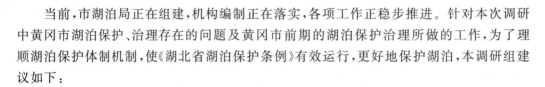

当前,市湖泊局正在组建,机构编制正在落实,各项工作正稳步推进。针对本次调研中黄冈市湖泊保护、治理存在的问题及黄冈市前期的湖泊保护治理所做的工作,为了理顺湖泊保护体制机制,使《湖北省湖泊保护条例》有效运行,更好地保护湖泊,本调研组建议如下:

（一）提高民众保护湖泊意识,加强湖泊保护宣传,并定期开展专题询问,完善湖泊保护公众参与制度

一是紧紧围绕"爱湖、护湖、亲湖"的宣传主题,制定切实可行的宣传计划,做到"三个结合",即阶段性与长期宣传相结合、与案例宣传相结合、与建设美丽黄冈相结合。通过组织社会各界人士参与全省湖泊征文、书画摄影展、最美湖泊评选等活动,提高社会公众参与度和网络关注人气。同时还利用每年的"世界水日""中国水周""12.4 全国法制宣传日"等大型宣传日（周）,通过设置永久性宣传牌、拉横幅、刷标语、发宣传单等形式开展集中宣传活动,积极营造湖泊管理与保护的良好氛围。

二是定期开展市中心城区水域保护工作专题询问。黄冈市人大对水生态、水环境问题高度关注,2012 年 7 月 26 日,首次开展了以黄冈市中心城区水域（含湖泊水域）保护工作专题询问,并通过电视广播网络进行直播,社会反响非常好。2013 年 11 月 28 日,市人大再次对市中心城区水域保护工作进行了专题询问,进一步凝聚了全社会惜水、爱湖的共识,促进了政府和部门积极作为,同时有力地促进了中心城区水域保护和生态环境的改善。这种定期开展专题询问的方式促进了民众参与湖泊保护的积极性和政府部门的积极作为,使湖泊保护意识深入人心。

三是出台民间公益组织、湖泊保护志愿者等社会团体或个人参与湖泊保护的激励政策,对于破坏、侵占湖泊的行为,探索建立公益诉讼制度,支持未直接受害的第三方提起诉讼。

（二）与时俱进,因地制宜,科学完善湖泊保护相关规划

坚持以科学发展观为指导,以保护市中心城区水域环境为宗旨,按照"总体规划、分期实施,多措并举、标本兼治,规范治理,有效保护"的原则。进一步加大市中心城区水域保护工作力度,建立健全常态化工作机制,推进水域保护工作水平,实现市中心城区河湖安澜、水域结晶、饮水安全、人水和谐。

一是根据前期的编制湖泊湖综合治理规划、中心城区水域保护规划、湖泊截污工程规划、湖泊周边环境综合整治总体规划等。并以规划在实际湖泊保护中发挥的作用及存在的问题为依据,及时更新、完善湖泊保护相关规划。

二是围绕中心城区水域和湖泊保护工作,成立督察组,严格执行《中心城区排污口监督管理办法》《中心城区水域保护监督管理办法》和《考核办法》等文件。

三是强化部门职责,建立湖泊保护联动机制。

四是针对黄冈市编制的湖泊保护联席会议制度、投诉受理处置制度、巡查通报制度、联合执法制度、检查督办制度、工作问责制度等规划制度,相关部门应严格遵守并定期召

开、落实,不能流于形式。

(三)明确职能责任,进一步落实管理机构

为进一步加大湖泊保护工作力度,切实落实《湖北省湖泊管理条例》,把遗爱湖工作示范试点工作推广,建议强化推进县、区重点湖泊"河湖库长制",落实湖泊保护领导责任。

(1)明确挂点领导和成立工作专班。实施政府领导同志挂点负责制,即由县、区政府主要领导及分管领导分别担任水域的"河长""湖长""库长",带领市、县、区相关部门,强力推进重点水域保护、治理工作。对于市中心城区重点水域的湖泊保护与管理工作中,成立由市长任组长,分管副市长任副组长,市政府法制办、市水利局、水产局,城市管理执法局、编办、城投公司、园林绿化管理局、区政府、水文水资源勘测局、监察局、政府督查室等相关部门和单位负责人为成员的市湖泊保护与管理工作领导小组。领导小组办公室可设在市水利局,办公室负责对市中心城区水域保护工作进行组织、协调、检查、督办和考核。对于县级湖泊水域的保护,由市领导小组与各县、市、区政府签订了湖泊保护责任书,进一步落实县、市、区党政一把手亲自担任湖长制,高端搭建湖泊保护与管理平台,推进重点湖泊的保护、治理。

(2)明确各成员单位责任。市水利局作为牵头单位,负责组织、协调、检查、督办中心城区水域保护各项工作,负责领导小组办公室日常工作,负责涉及中心城区水域保护水利项目的申报和建管。市发改委负责水域保护项目申报立项工作。市财政局负责保障水域保护相关工作经费。市环保局负责市区水环境的治理、水环境质量检测、水污染的防治、市区饮用水水源地保护、城镇和农村环境整治等,市住建委负责市区截污管网建设、污水处理厂建设、市区饮用水水源地的日常管护、城市备用水源建设等工作。市农业局负责农业面源污染减控、违禁投肥投药养殖的执法和监管工作。市林业局负责城区湖泊湿地保护和项目建设工作。市城乡规划局负责城市蓝线控制规划的编制和组织实施等。市水产局负责减控水域水产养殖污染、牵头渔场改制工作。市城管综合执法局负责水域岸线保护范围的规划监管执法、固体垃圾的回收处理与填埋场管理等工作。市水文局负责对中心城区地表水、地下水水质进行全面监测等,市政府法制办负责对相关规范性文件进行审查,市政府督查室、市监察局负责对各部门的单位依法履责、开展工作情况进行检查督办等。

(3)实行目标考核奖惩,市政府与各部门和单位签订年度目标责任书,全年分四个季度,对各部门和单位依法履责、开展工作情况进行检查督办,并进行通报、制订出台考核办法,由市中心城区水域保护工作领导小组办公室制定年度责任目标考核评分细则,年度由市政府依据目标责任书、考核办法和评分细则对各成员单位参与中心城区水域保护、完成目标任务情况进行全面考试,并实行奖惩。

(四)强化执法监管,综合强力整治湖泊污染

各河湖库长要带领相关部门按照责任水域综合整治方案,多渠道争取和筹集项目资金,扎实采取治污、截污、清淤、控制养殖、建设污水处理厂、实施水域连通、实行水生态修复、强化水域监管等措施,加强水域综合整治,保质保量按期完成各项整治任务。

强力整治湖泊污染。一是工程治理。截断工业污水排放口,建污水处理厂,城市下水道改造,对生活污水实行雨污分流。同时,建议从城市建筑设计上把厨房污水和卫生间污水管道分流,社区建化粪池,定期烘干清理,供给农田有机肥。并从财政上支持和宣传农民有机肥种植。二是清淤减投。加强水产生态养殖,科学指导渔业投饵(每年投料为环保数据的下限再低 20%),同时培植相应的水草喂鱼,这样循序渐进地既训练了渔民又训练了鱼;同时,渔业减产的实施也要循序渐进:首先,在给渔民签订养殖合同时,就规定好投鱼量要依据翻塘率逐年减少、依据抽样检查湖水水质指标进行管理(每年定期水质对比结果进行鱼量制定或罚款)。同时,投鱼时按不同种类的生物链进行一定比例投放,捕捞时也可根据起鱼系数(根据一网鱼的重量来评价鱼产量的增减,即按重量换算,建立连续数据进行统计)进行科学规划来年的投鱼量。其次,水产部门要对养殖资源进行合理估价,如果水质有所好转可对渔民进行奖励,也即养湖政府要让利。再次,对渔场的水产养殖要严加监管,对违规养殖行为,严惩不贷。最后,清底污。湖泊底泥在天气不好,发酵有毒气体,也会造成养鱼翻塘。只有这样才能利用有效减低养殖密度,大力推行生态养殖,同时也可避免大力减产带来的渔民的生态补偿。

(2)生态修复。目前一般的湖泊都是富营养化严重,生态系统畸形化严重,不能进行良性循环,浮萍疯长,因此要建生态湿地促进自我净化的能力(详见湿地建设方案)。一是技术上要在远湖水面进行局部植物净化水质的尝试,待条件成熟,再在全湖推广;二是湖泊沿岸要栽植护岸植物,减少地表径流,控制水土流失;三是投资进行人工复氧及生态修复工程,对湖底的淤泥、挺水植物及浮叶植物进行全面清理。

(3)要根据《湖北省湖泊保护条例》对湖泊水域进行严格监管。好的法律要有严格的执行力度,目前的监管部门较多,《湖泊管理条例》中的职权划分不明,水利、环保的监管有交叉,有的问题水产、城建也要监管,这些都不利于《湖泊管理条例》的有效运行。因此在监管方面,由"湖长制"专班进行监管,并设专门的应急、投诉机构。一是加强湖泊水域周边环境监管和巡查保护力度。对污水处理厂是否正常运行及工业企业的污水进行水质监测,实现达标排放。同时对污水直接入湖行为进行罚款、停产整顿或关停。二是要总量控制,根据纳污容量来分解给每个企业和生活污水,各个排污口总量应小于等于纳污总量,最终达到控制排污总量的目的。三是江湖流通工程建设,通过让死水变活水,增加水资源的配置能力,解决内涝。引排顺畅、蓄泄得当、丰枯调剂、多源互补、调控自如的河湖水网体系。四是加强湖泊水域水质监测。对湖泊水质进行定期监测,寻根查源进行及时整治。同时,加大对重点水域功能区和饮用水水源地水质监测力度,及时向社会发布水资源公报。

(五)实施湿地恢复工程,强化管护措施、规范湿地保护管理

为大力推进湿地保护体系建设,开展湖泊保护湿地生态修复工程等工作,黄冈市形成了"一区七园"重点保护格局:其中一区是指湖北龙感湖国家级湿地自然保护区,是湖北省目前唯一的国家级湿地类型保护区、第三大湿地类型的自然保护区。七园是指蕲春赤东湖、黄冈遗爱湖、麻城浮桥河、红安金沙湖、罗田天堂湖、武穴武山湖、浠水策湖国家湿地公园。其中水面面积 13476.8 公顷,占总面积的 59.1％。

黄梅县政府牵头组织林业、公安、环保、渔政、土地、水利等相关职能部门在龙感湖国家湿地自然保护区开展了全面清湖禁猎活动,拆除"迷魂阵"、围网六百多处,设置禁捕、禁猎标志二十多个,清理整顿保护区及其周边乱垦面积 100 公顷,先后依法查处了各种破坏湿地资源案件 35 起,涉案人员 70 人,保护区的生态环境明显好转。

赤东湖以县政府名义出台了《切实加强湖北赤东湖国家湿地公园规划控制和环境保护的通告》,建立和完善检测制度,定制检测水体水质,确保赤东湖水质长年保持在三类以上,从制度上保证赤东湖的生态保护工作落到实处。主要做好三件事:一是争取中央财政湿地保护补助资金项目和地方政府配套资金到位,扎实有效地开展好湿地保护工作。二是在赤东湖区域内,加强规划管理,确保不出现任何违法占地占湖、违法建设行为。三是加快渔业生产经营方式转型升级,大力倡导生态养殖,确保赤东湖的水质达到二级以上。

武山湖在五年前,湖水呈现黑色,发出臭味,鱼类肉质恶化,不能食用。市政府痛定思痛,花大力气,加大投入,大规模整治武山湖及周边环境。其一,对城区及武山湖周边的企业进行关停迁移。上市公司广济药业正逐步从武穴城区迁出,彻底关闭了燕江化工厂、武穴造纸厂等 20 余家污染企业。其二,实施水生态治理工程,实现雨污分流。城区工业废水、生活污水全部进入城市污水处理厂处理,武山湖周边村庄污水进入排污管道;其三,实施湿地保护与恢复工程,提高武山湖湿地自身修复能力。利用中央财政湿地保护补助资金,在湖中选择合适地点,栽植荷花、芦苇等挺水植物以及芡实等浮水植物 10 公顷;在魏高邑至武山湖度假村之间长约 4 公里的湖堤种植陆生植物水杉 4000 多株。其四,实施湖底清淤工程,近三年投入 200 余万元清除湖底淤泥 20 多万立方米,今年湿地公园管理处利用环保厅省级环境保护专项资金 80 万元再次清除淤泥 7.5 万立方米,目前该项目正在实施中。其五,实施生态养殖工程,改善湖水水质,减少化肥、农家肥投放量,改投生物肥和生物芽孢杆菌,逐年减少鱼类投放数量,提高养殖质量。

遗爱湖湿地公园已投入建设资金完成了 22 万平方米遗爱亭景区建设,完成了 13000 米滨水护岸景观建设,对湖底进行了两次彻底清淤和截污。

麻城浮桥河加强水质资源管理,一是全面禁止渔业投肥投药养殖,一律采用生态放养;二是强行关闭库区上游及周边污染水体的一些工矿业和排污口;三是取缔了现有的、不环保的水库旅游项目。

结合黄冈市湿地保护工作经验,可以在推广这些经验的同时,重点进行以下工作:

(1) 开展各种宣传活动。一是结合世界湿地日(2 月 2 日)、世界野生动物保护日(3 月 3 日)、爱鸟日(4 月第一周)、野生动物宣传月(11 月)等活动的开展,发放宣传材料开展宣传活动;二是在电视台、报纸等新闻媒体宣传;三是制作宣传标牌,在湿地公园主要路口设立大型宣传牌,安装横幅标语等。

(2) 机制保障。加强各级政府对湿地公园的领导,明确市级林业部门作为国家湿地

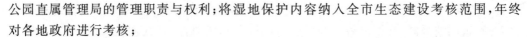

公园直属管理局的管理职责与权利；将湿地保护内容纳入全市生态建设考核范围，年终对各地政府进行考核；

（3）资金保障：将湿地保护、恢复和管理工作经费统一纳入地方各级财政预算。

（4）配套政策和执法行动：对占用湿地的农田逐步落实退耕还林、还湿政策；开展各种执法行动，打击破坏湿地植物、猎捕鸟类等野生动物的违法行为，严禁狩猎、垂钓等妨碍鸟类、鱼类繁殖的人为活动，严禁植物砍伐行为。

梁子湖、三山湖、大冶湖保护调查报告

《湖北省生态湖泊保护体制机制研究》项目鄂州、黄石调研组

一、梁子湖区政府和梁子湖的调研

（一）调研过程

2014年7月7日，袁文艺、王腾到鄂州市梁子湖区政府调研，了解梁子湖生态保护的情况。梁子湖区区委常委、宣传部蔡部长以及区水务局局长、环保局局长、农业局局长、生态办主任参与了座谈。笔者与梁子湖区领导进行了2个小时的座谈，之后参观了梁子湖区的生态农业和农村生活污水处理设施，观看了梁子湖的水情和风光。

（二）梁子湖概况

梁子湖流域跨武汉、鄂州、黄石、咸宁4市，蓄水量约6.5亿到8亿立方米，水面面积271平方公里，主要分布在鄂州和武汉，其中鄂州面积113平方公里。梁子湖的出水口及旅游胜地梁子岛位于鄂州辖区。梁子湖区即因梁子湖而得名。梁子湖水面面积仅次于洪湖，位居全省第二，蓄水量全省第一。梁子湖是我国大湖中保护较好的湖泊之一，水质以2类为主，部分水域水质为1类。

（三）梁子湖的管理与保护

1. 管理体制

梁子湖是重要的跨区域湖泊，管理体制上是省市共管。省里由湖北省水产局下属的梁子湖管理局管理，其职能是"维护梁子湖渔业生产秩序、执行《梁子湖环境保护规划》等法律法规，开展日常巡查"。梁子湖区水务部门负责鄂州所辖湖区的湖泊保护巡查。鄂州市高度重视梁子湖的生态保护，市委书记任湖泊负责人，梁子湖区委书记任湖长，明确了梁子湖各子湖的负责人及临湖各乡镇的岸线长。

2. 湖泊保护的措施

鄂州市和梁子湖区领导高度重视梁子湖的生态保护工作，市委书记李兵提出把梁子

湖创建为全国生态文明示范区,实现"四区同创"（全国生态区、全国旅游标准化示范区、全国有机产品认证示范区、全国文明城区）。梁子湖区政府主要做了四个加减法工程。一是,上游做减法,下游做加法。减轻上游环湖地区经济、人口承载量。调减上游建设用地,将其布局基本农田,实现耕地向梁子湖上游承雨区内集中,重点发展生态农业、观光农业,重点依托梧桐湖新区发展生态旅游、科技研发和文化创意等产业。二是,传统产业做减法,新兴产业做加法。一般工业做减法,生态产业做加法。全区退出一般工业。三是,解决水患做减法,巩固水利做加法。推进了梁子湖岸线整治、梁子湖东水土保持、梧桐湖区域梁子湖水生态系统修复及"两湖连通"等工程,综合治理了徐桥港、幸福河、子坛港、谢埠港等入湖河道。四是,水面生态负担做减法,生态修复做加法。实施水生植被修复工程,农业面源污染治理工程,工业污染防治工程,生活垃圾处理工程,旅游污染治理工程。这四个加减法工程和梁子湖生态保护"五大工程"被誉为"梁子湖环保模式",使梁子湖生态环保提高到了一个新的水平。2011 年 4 月 24 日,在北京结束的全国九大重点湖泊生态安全调查与评估验收会上,梁子湖获得"最安全"的评价,居各湖生态安全之首。

3. 生态补偿措施

为加大生态环境保护力度,加快生态文明示范区建设,引导和推动省、市建立落实梁子湖生态补偿机制,梁子湖区委、区政府决定在通过"以奖代补"试行实施生态补偿,制定了具体的实施办法。生态补偿的原则是:统筹区域协调发展的原则,责、权、利相统一的原则,突出重点、分步推进的原则,政府主导与市场运作相结合的原则。建立区级"以奖代补"生态补偿基金,区级财政每年注入资金 600 万元,当年未使用完资金结转累计使用,今后视基金累积和生态文明建设进展情况相应调整"以奖代补"项目与标准。各镇应相应列支生态补偿"以奖代补"资金,加强奖补。"以奖代补"包括不同的项目与标准,如各镇关停、改造破坏生态、污染环境的工业和禽畜养殖项目奖励资金总额 90 万元;各镇美丽乡村建设奖励资金总额 125 万元;各镇河港整治奖励资金总额 50 万元;各镇三边植树、生态路建设、绿化造林奖励资金总额 25 万元;垃圾收集、清运奖励资金总额 30 万元;每个镇（新区）各 5 万元;各镇创建生态村镇奖励资金总额 40 万元。

4. 湖泊保护面临的问题

一是地方政府与梁子湖管理局的矛盾。梁子湖管理局的主要职能是渔政管理,兼负执行《梁子湖环境保护规划》等法律法规、开展日常巡查的职能,但主要职能是水产行业管理,梁子湖作为重要水产基地,要为湖北省多年淡水养殖全国第一作出贡献,同时也对围栏养殖户收取管理费,为捕鱼的渔民颁发执照并收费。可以说,梁子湖管理局兼有湖泊开发和保护的两种职能,而过度的开发往往会破坏湖泊生态。地方政府只能管理湖岸的污染而没有湖面的执法权,对围栏养殖等《湖北省湖泊管理条例》禁止的行为无能为力。

二是梁子湖区政府与梁子湖周边政府的矛盾。梁子湖是跨区域湖泊,上游水源来源于黄石和咸宁等地,上游水源的质量直接影响梁子湖的水质。咸宁市咸安区是梁子湖的水源地之一,提供着梁子湖 30% 以上的上游来水,这些来水通过高桥河汇入梁子湖。而在咸安区,流入高桥河的又曾是什么样的水呢?资料显示,麻加工产业是咸安的支柱产业。这些企业每年排放废水 300 多万吨,废水未经任何处理就直接排放到高桥河里,其中 PH 值、化学需氧量、悬浮物等指标超过国家标准上百倍,对下游的梁子湖水域构成了严重威胁。近年来,在湖北省委、省政府的统一领导下,确定了梁子湖"保护第一,合理利用"的方针,对流域内的小造纸、小酿造、小化工、小纺织等污染严重的企业进行了关停和取缔,取得一定成果。但成果并不巩固,常常有污染企业回潮的现象。如梁子湖区水务局长反映,曾经为了调查上游企业的排污,被企业管理者威胁。针对这个问题,梁子湖区蔡部长提出由省环保部门或水务部门协调,建立区域交界处的断面监测机制,以明确和追究各地域排污的责任。

三是生态保护的资金压力。梁子湖区在鄂州市和湖北省是一个财政穷区,为了梁子湖保护和生态文明建设作出了巨大的付出。如全面退出一半工业,对该区的税收和就业都有大的影响。座谈中,梁子湖区政府的官员都表示生态保护的最大困难是财政压力。关于梁子湖的治理,国家、省市都分担了部分资金,如 2011 年财政部、环保部首次开展湖泊保护试点,梁子湖在 20 个候选湖泊中排名第一,最终成为全国首批 8 个试点湖泊之一,在 9 亿元项目资金中占 1.6 亿元,其中分配给梁子湖区政府 4000 多万。另外,梁子湖区政府自筹财政资金 600 万元,用于生态补偿的"以奖代补"。这些资金对于梁子湖的保护以及梁子湖区的发展和民生保障只能说是杯水车薪。

二、鄂州市湖泊管理局和三山湖的调研

(一) 调研过程

2014 年 7 月 14—16 日,袁文艺、熊鹰到鄂州市调研,了解鄂州市对《湖北省湖泊管理条例》的贯彻实施情况,以及三山湖的管理和保护。调研过程中,与鄂州市湖泊管理局的高局长和胡工进行了座谈,走访了武昌鱼集团和三山村,参观了三山湖的围栏养殖和生态旅游。

(二) 三山湖概况

三山湖跨鄂州市和黄石大冶市,属沉溺型洼地滞积湖,因湖中有三座小山而得名。三座小山原本立于湖心,四面环水,由于上世纪六十年代大兴围湖造田,湖面逐渐缩小,三山如今已与陆岸上相连,形成一个半岛。水位 20.00 m,长 10.7 km,最大宽 8.8 km,平均宽 2.3 km;原有面积 73.2 km²,围垦后现有面积 24.3 km²;最大水深 4.8 m,平均水深 2.8 m,蓄水量 $0.68 \times 10^8 m^3$。湖水依赖地表径流和湖面降水补给,汛期有梁子湖、保安湖湖水注入;出流经新港于樊口大闸排入长江。

三山湖保护存在两方面的问题。第一方面是水生态污染,水质变差,从 20 世纪的 2 类水下降到现在的 3—4 类水。(《湖北日报》千湖新记 2014 年 3 月 6 日主题是"早春律动三山湖",谈及专家目测水质至少在 2 类以上。笔者作为生长于三山湖的观察者,认为这种臆测极其不负责任。)水生态污染有三大原因:其一是围栏养殖。整个湖面 70% 都成了围栏养殖区。围栏养殖是一种掠夺性的水产养殖方式,密集的螃蟹和鱼类投放吃光了维

系水生态的水草,依靠投喂饲料等方式养殖造成了湖水的富营养化。其二是周边的武钢程潮铁矿等企业排污污染了湖水。其三是近十来年的旅游和餐饮业对湖水的污染。资料显示[①],2003年,为拓宽村民的致富门路,三山湖兴起旅游开发热潮,湖边建起餐饮娱乐游船,发展摘菱、采莲、撒网捕鱼等多项渔家游乐活动,年接待游客30万人次左右,创旅游收入8000多万元,村民人均纯收入达到1.6万元。声名渐起的三山村,已入选为全省100个旅游名村之列。目前,游乐项目尚处在游生态、吃生态的初级阶段。第二方面是湖面萎缩的问题。解放初因围湖造田三山湖的面积大幅萎缩,这也是大部分湖泊的共同命运。近年来则主要是人与湖争地,围湖造池。沿着湖堤是密密麻麻的围湖造池,湖岸线向湖中心不断延伸。另外一些子湖和湖汊被填后拟用于建房或开发旅游项目。三山湖的一个面积达数千亩的子湖——移山湖已被围垦过半,甚至三山村委会一度提出把移山湖全面围垦造池以解决村民的生产和就业问题。

(三) 鄂州市湖泊管理局的访谈笔录

鄂州市高度重视湖泊管理和保护工作。市政府成立了湖泊保护与管理领导小组,由市长担任组长,分管副市长任副组长,市发改、国土资源、水利、林业、农业等相关部门为成员单位,定期不定期地研究湖泊保护工作,决策和协调重大事项。市下辖各区也相应均成立了工作领导小组。在编制极为紧张的情况下,鄂州市于2013年10月成立湖泊管理局,依法管理和保护湖泊,湖泊保护地位得到充分体现。目前,湖北省的各地市州中,只有武汉市和鄂州市成立了湖泊管理局。除成立湖泊管理局外,鄂州市始终坚持依法治湖原则,积极推进湖泊保护法制建设,努力将湖泊保护与管理纳入法制化轨道,出台了《关于实行最严格水资源管理制度的意见》《实行最严格水资源管理制度实施方案》《实行最严格水资源管理制度考核办法》,将水资源管理纳入了制度轨道。《鄂州市湖泊保护实施细则》已征求意见完毕,正提请市人大审议。此外,还建立了湖泊保护管理联席会议制度,定期不定期地协调涉湖事项,有效保障了湖泊保护与管理工作的顺利进行。

访谈中,鄂州市湖泊管理局高局长着重谈了管理中面临的两大问题。一是湖泊管理局刚刚成立,人员、编制和经费紧张,欠缺执法资源和能力,很难起到湖泊保护的作用。如全局包括局长在内只有4个人,湖泊管理局挂靠在市水务局,需要依靠水务局其他部门的执法力量,湖泊管理局本身的机构和职能没有理顺。就此,高局长提出借鉴武汉市的经验,成立独立的强有力的湖泊管理局。二是湖泊管理的条块分割问题。鄂州市的湖泊中,管理单位五花八门:有的是地方政府,如五四湖由华容区政府管理;有的是建设部门,如洋澜湖由市园林局下属的洋澜湖风景管理处管理;有的则是水产部门,如三山湖,由水产局下属的武昌鱼集团管理。此外,高局长还谈到一些湖泊由林业部门下属的湿地管理部门管理。九龙治水的管理体制,不同管理部门有不同的管理职能,适用不同的法律法规,存在不同的部门利益,被管理者无所适从,降低了管理效率,不利于实现湖泊生态保护这个重要目的。就此,高局长建议,按照《湖北省湖泊管理条例》的要求,由水务部

---

① 《深闺弄秀三山湖》,载《湖北日报》,2010年6月28日。

门主要负责湖泊管理,按照省湖泊管理局熊局长的要求,在湖泊资源丰富的市、县区成立专门的湖泊管理机构。为了适应中央要求的不增加机构和编制的精神,高局长建议成立湖泊管理局不必增加编制,可以由原来的其他的湖泊管理部门转变职能转岗为专门的湖泊管理机构。如水产局,已经有了现成的机构、办公场所、人员和执法力量,水产局完全可以转变职能转岗为湖泊管理局,其职能从生产开发为主转变为湖泊保护为主。高局长作了精彩的比喻:以前的大兴安岭等林业部门的职能主要是砍树,后来因为生态保护的需要,职能从砍树为主变成种树为主。

(四) 三山湖的管理和保护

2014 年 4 月,鄂州市委办、市政府办联合下发通知,明确该市领导干部挂点联系湖泊(水库)保护,其中市委书记李兵负责梁子湖的保护、市长叶贤林负责三山湖的保护。从管理体制上讲,三山湖的管理单位是市水产局代管的武昌鱼集团,水务部门负责湖泊的保护巡查。此外,三山湖是跨区域湖泊,部分湖面规大冶市管理。目前,鄂州与大冶相关管理部门的联动主要体现在划清两地的湖面界限。历史上,两地渔民为争夺湖面经常发生冲突,甚至导致命案发生。自 1994 年后,两地水产部门本着"尊重历史,面对现实,谁开发,谁利用,谁受益"的原则,双方约定,湖界处筑起一道高高的围网,一边属鄂州,一边属大冶,从此相安无事。

三山湖保护最大的问题是围栏养殖。笔者为此走访了武昌鱼集团的领导和围栏养殖的老板。武昌鱼集团的袁总表示,集团作为水产局的下属企业代表市政府对三山湖、走马湖、花家湖等湖泊进行水产管理(1999 年鄂州市为推动武昌鱼集团上市,把三山湖等优质资产打包交由武昌鱼集团管理),与围栏养殖户之间采取的是合同式管理,养殖户每亩每年上交约 20 元管理费,取得养殖资格,合同期限不等,一般为 10 年以上。合同期满后大都进行了续签,现在的围栏有的临近合同期,有的还有几年时间。围栏养殖在 20 世纪末是政府支持的一种产业模式,快速发展,围栏面积达湖面的 70%,大大超出了当时的渔业法规规定的 10% 的规定。武昌鱼集团主要负责收管理费,管理费也是集团收入来源之一。至于《湖北省湖泊管理条例》要求的拆除围栏,他们也知道,但表示要由市政府统一安排,而且合同期未到的围栏不能拆除,否则违反了合同法。三山村承包围栏养殖的吴老板介绍,他的围栏约有 1000 亩面积,2001 年投资兴建,当年采取股份制的形式集资约 15 万建成,投入成本包括栏杆、围网、渔船、围栏施工等,与武昌鱼集团签订了 2 轮共计 20 年的合同,于 2021 年到期。围栏的经营状况是,每年上交管理费 2 万元,7 个职工工资成本约 15 万,鱼蟹种苗、饲料及维护投入约 10 万元,以螃蟹养殖为主,经营收入 30 到 50 元,利润在股东之间按投资比例分配。对于拆除围栏,吴老板根本不知道有这个法律规定,而且认为三山湖是祖祖辈辈留下来的湖,靠湖吃湖是天经地义的,合同没到期不可能拆,合同到期了也不愿意拆。围栏拆了,他们的饭碗和营生如何保证?当然,吴老板也不否认大面积的围栏养殖影响了三山湖的景观,损害了水质。

三、黄石市大冶湖管理处和大冶湖的调研

（一）调研过程

2014 年 7 月 18 日,课题组赴黄石市大冶湖管理处调研。调研过程中,与管理处领导进行了座谈,之后乘坐管理处的快艇巡湖 2 个小时,现场考察了大冶湖的围栏养殖和生态风光。

（二）大冶湖概况

大冶湖,位于大冶市区东南部,古称源湖、金湖。大冶湖是个聚宝盆,湖底和四周蕴藏有大量的金矿,古时湖中有淘金井,金湖的名字由此演化而来。在远古时它是一条内流河,从西向东,横贯大冶市中部腹地,流入长江,后来河底淤塞,河床拓宽,形成了一个狭长的湖泊。据《大冶县志》记载,1960 年,大冶湖自然状态下的水面为 25 万亩;10 年后,大冶调集劳力围垦大冶湖,至 1972 年,共建成垦区 27 个,侵占湖面 15 万亩。至 2012 年,大冶湖仅剩 9.6 万亩。

按照湖北省水功能区划,大冶湖内湖为一般鱼类保护区,执行Ⅲ类标准;外湖为集中式生活饮用水源地一级保护区,执行Ⅱ类标准,但目前差距甚大。大冶市环保局提供的数据显示:2011 年大冶湖水质以劣Ⅴ类为主。大冶市环保局环境监测站的监测数据显示:2000 年至 2009 年十年中,大冶湖没有Ⅰ、Ⅱ类水体,在 334 个监测水点中,Ⅲ类水体仅占 12.3%,而劣Ⅴ类却高达 65.7%,即大冶湖水质以劣Ⅴ类为主,局部地区为Ⅲ—Ⅴ类。其中,尤以大冶湖的子湖三里七湖污染最为严重。过去十年 75 次采样监测,均为劣Ⅴ类水质。专家认为,环湖地区经济快速发展,以湖水水质下降为代价,工矿业污染、生活污染,以及农业面源污染是导致大冶湖水变差的主要原因。历史数据显示,大冶湖流域一度共有 343 家企业排放污水,其中重点源 115 家,每天污水排放量 3 万吨至 5 万吨。同时,大冶湖流域产生固体废物的企业有 400 家以上,倾倒的固废主要有尾矿、冶炼废渣、炉渣、粉煤灰、煤矸石等。排放行业主要是有色矿采选、黑色矿采选、有色金属冶炼、黑色金属冶炼、火力发电和煤矿开采。生活污水污染是造成大冶湖水质变差的另一个原因。2007 年,大冶湖流域城镇总人口接近 25 万,生活污水年排放总量为 1547 万吨,其中超过 50%排入大冶湖。同时,大冶湖流域农村总人口 35.82 万人,年排放生活污水 1046 万吨,也有部分排入大冶湖。此外,大冶湖流域的种植业、畜禽养殖业、水产养殖业等农业,所排放出来的污染物,对大冶湖水质也造池影响。

（三）黄石市大冶湖管理处的访谈记录

1. 黄石市保护大冶湖的举措

近年来,黄石市市民中"保护母亲湖""拯救大冶湖"的声音越来越响亮。在黄石市第十二次党代会召开期间,时任市委书记王建鸣赴大冶代表团参与讨论时特意谈到大冶湖保护问题:"天大的事都没有这个大!"黄石市市长杨晓波表态:"保护湖泊是常识。我们

要把它们留下来。"2009 年 11 月 14 日,黄石市印发《市人民政府关于禁止在大冶湖水域滩涂非法围垦、填湖筑堤的通告》,对在大冶湖水域滩涂非法围垦、填湖筑堤等事项作出了明令禁止。《通告》要求,沿湖乡镇、村组及有关单位不得以任何理由、任何方式将大冶湖的水域滩涂发包给单位或个人进行围垦经营。同时,任何单位或个人未经市水利水产行政主管部门批准,不得擅自在大冶湖水域滩涂从事填筑堤坝、开挖鱼池、修建港口码头及休闲娱乐场所等有关建设;严禁以开发建设为目的的各类填湖造地行为;禁止向大冶湖倾倒废弃物品和垃圾。2011 年 1 月,市人大常委会作出《关于加强大冶湖保护工作的决议》,并出台了《黄石市大冶湖管理暂行办法》和《落实市人大常委会〈关于加强大冶湖保护工作的决议〉具体工作方案》。2012 年,根据《湖北省湖泊保护条例》,对《黄石市大冶湖管理暂行办法》进行了修改和完善。为加强联动,黄石市成立了大冶湖保护工作领导小组。市长任组长,大冶、阳新、西塞山、下陆、铁山、开发区等县(市)区,发改委、水利、国土、规划、环保等 15 家市直部门作为成员共同参与。

自 2013 年以来,大冶湖区域的发展和保护面临着新的历史时期。2013 年 4 月 30 日,黄石市委、市政府作出发展决策:跨越黄荆山,建设大冶湖生态新区。黄石于 1950 年 8 月建市,60 余年来城市建设先沿长江而行,再环绕磁湖展开。现今的城市中心受限于长江和黄荆山脉,急需拓展新的发展空间。推进环大冶湖新区开发,标志着黄石城市格局开始第三次跨越,新区建设将加快大冶、阳新等地的城市化同城化进程。新区的建设,意味着大冶湖会从以水产养殖为主的乡村湖泊变成以生态功能为主的城中湖,可能会取代武汉的东湖和汤逊湖成为亚洲最大的城中湖。这对大冶湖的保护即是机遇,也是压力。机遇是会得到更多的重视和政策、资金支持,问题在于城市化后更大的排污和治污压力。

2. 大冶湖管理处的职能运行

2008 年,大冶湖管理站由湖北省水产局管理变更为黄石市管理,成为黄石市水产水利局下属的正科级事业单位,负责大冶湖的渔政和水政管理,编制 17 人,财政年拨款 70 万元。渔政管理体现在渔业管理,对围栏养殖和渔民捕捞实施行政许可,收管理费,对非法捕鱼如迷魂阵进行执法。水政管理主要是巡查非法填湖。管理处工作人员每周开巡逻艇巡湖 1 到 2 次,巡逻艇由国家农业部出资提供,每次巡湖需要约 8 个小时。巡湖主要是检查非法捕鱼和岸边的填湖和围湖。非法捕鱼可以当场执法,如拖走迷魂阵或罚款,填湖和围湖则是在巡逻艇中目测后上岸驱车赴事发地取证,然后报请湖泊所在地地方政府处理,管理处本身没有执法权。近年来,管理处的职能重心正日益从渔政管理走向水政管理。

3. 大冶湖保护存在的问题

一是管理机制上的问题。

其一是多头管理的问题。大冶湖界跨大冶市、阳新县、西塞山区和黄石开发区,包括 18 个乡镇街办,域内人口超过 60 万,各地都在围绕大冶湖做文章,从湖水中分一杯羹。同时,因大冶湖具有蓄洪、水产养殖、航运、灌溉、休闲旅游等多种功能,直接参与大冶湖管理的有水利、水产、环保、国土、城建等十多个部门。每个部门都按照自己的意愿和法规去管理大冶湖,推诿现象不免发生。这种条块分割的管理格局,地区、部门之间尚未形成有序高效的运行机制,致使大冶湖"都在管,又都管不到位"。黄石市水利水务局副局长张亚洲认为:"管理机构、部门不统一,职权不明,导致出现'九龙管不好一个湖'的现象。"其二是大冶湖管理处的管理和执法权限问题。大冶湖管理处是大冶湖的直接管理机构,却时常出现"小马拉大车"的尴尬局面。管理处是一个科级单位,职工十余人。管理处刘处长感慨,去协调两个乡镇的工作,"人家都懒得理睬"。面对个体,执法也难。非法填湖人员经常与他们"躲猫猫","当面答应不填了,一离开又开始填"。更难的是面向政府。如大冶市政府 2010 年到 2013 年,大冶一中校园扩建工程填湖 60 余亩,大冶客运站工程填湖 40 余亩,这两个政府建设的公共工程填湖 100 余亩,未经过上级政府和水产水利部门的批准,直接违反了 2009 年黄石市《市人民政府关于禁止在大冶湖水域滩涂非法围垦、填湖筑堤的通告》和 2012 年《湖北省湖泊保护条例》,可以说是非法填湖。对这种政府违法,管理处进行了监督,向湖北省和黄石市反映和举报,都无力改变现状。其三,管理处下一步的改革。刘处长透露,黄石市水产水利部门在酝酿改革,大冶湖管理处可能会合并到渔政处。刘处长对这种动向表示担忧,希望黄石市像武汉市一样成立独立的湖泊管理局,管理处在湖泊管理局的领导下履行对大冶湖的管理和保护职能,重点是保护。[①]

二是大冶湖的围栏养殖问题。

据当地湖泊管理相关人士介绍,自 2010 年以来,黄石市对大冶湖周边的企业排污进行了力度较大的整顿,大冶湖的工业排污明显好转,水质也在好转,目前影响大冶湖生态的主要问题是围栏养殖。大冶湖的 9 万多亩面积中,围栏养殖 6.1 万亩,将近占湖面的70%,一般的围栏面积在 1000 亩以上,大型围栏超过 4000 亩。管理处依据相关渔业法规对围栏养殖户征收渔业资源增殖保护费,一般养殖每年每亩 15 元,混养 25 元,名特优产品养殖 45 元,每年收费约 150 万元,上缴给财政部门,财政部门再根据管理处的支出状况予以返还。刘处长介绍,围栏养殖户一般在经营合同期内,难以拆除。同时,大冶湖区域还有 4 个渔业村,2400 到 2500 人,没有土地,自古以湖为生,这些人也是围栏养殖的大户,拆围后他们将失去生活来源。尽管有这些困难,黄石市还是按照《湖北省湖泊保护条例》的要求,制定了 3 年(2013—2015)拆完围栏的计划,并请湖北省水产科学研究所的科研人员制定了详细的拆围项目方案。访谈时间是 2014 年 7 月,离黄石市的 3 年计划过了一半,但拆围工作还没有实际启动。能不能在 2015 年完成拆围的任务,只能拭目以待了。

---

① 2012 年 5 月,黄石市编委同意黄石市水利水产局加挂"黄石市湖泊管理局"牌子,但其湖泊管理局并未独立实际运作。

湖北省湖泊生态文明建设调查报告

朱白丹

湖泊生态文明建设是个大课题，涉及的内容广泛。笔者仅就湖泊保护中存在的问题谈几点具体对策和建议。

一、湖泊、生态文明建设概念及其关系

（一）概念

1. 湖泊。据《辞海》中的解释，湖泊指地表洼地积水形成的比较宽广的水域。按成因，分为构造湖、火口湖、冰川湖、堰塞湖、喀斯特湖、人工湖等；按泄水情况，分为排水湖和非排水湖等；按盐度高低，分为淡水湖、咸水湖、盐湖等。具有调蓄水量、供给饮水、灌溉、航运、养殖和调节气候等功能，并蕴藏矿物资源。地球上湖泊总面积约 205 万平方公里，占陆地面积 1.38%。

2. 生态文明建设。生态文明是人类遵循人、自然、社会和谐发展客观规律而取得的物质与精神成果的总和，是以人与自然、人与人、人与社会和谐共生、良性循环、全面发展、持续繁荣为基本宗旨的社会形态。党的十八大报告专列"大力推进生态文明建设"一章，提出"建设美丽中国，实现中华民族永续发展"，党中央为未来勾画出天蓝、地绿、水净，人与自然和谐发展的美好蓝图。水利部门负责的水利建设、防汛抗旱、水土流失综合治理、水源地保护、用水总量管理、水循环利用、建设节水型社会、实行最严格的水资源管理制度等都属于生态文明建设范畴。

（二）关系

1. 从属关系。湖泊保护、建设、管理从属于生态文明建设，是生态文明建设不可或缺的一个重要方面。生态文明建设若缺失了湖泊保护、建设、管理，就不完整、不系统。

2. 共存关系。人与湖泊是生态系统的重要组成部分，不是统治与被统治、征服与被征服的关系，而是相互依存、和谐共处、共同促进的关系。

3. 连带关系。党的十八大提出"建设美丽中国"，湖北省第十次党代会提出了建设文

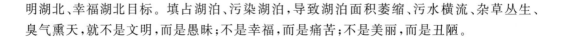
明湖北、幸福湖北目标。填占湖泊、污染湖泊，导致湖泊面积萎缩、污水横流、杂草丛生、臭气熏天，就不是文明，而是愚昧；不是幸福，而是痛苦；不是美丽，而是丑陋。

二、湖泊的主要作用及存在的问题

（一）主要作用

1. 调节气候。湖泊拥有的巨大水量和调蓄功能以及丰富的生物资源，对湖区的气候和生态环境具有明显的调节作用。由于湖泊水面对太阳辐射的反射率小，水体比热大，蒸发耗热多，使湖面上气温变化与周围陆地相比较为和缓，冬暖夏凉。在全球气候变暖的背景下，湖泊调节气候的功能和作用，显得弥足珍贵。

2. 调蓄水量。湖泊是水系的一部分，可调蓄径流。当河流水位高于湖面时，河流水补给湖泊水；当河流水位低于湖面，湖泊水又补给河流。汛期，湖泊能降低洪峰流量，蓄积水量；枯水期，能增加河流径流量，起着天然调节作用。

3. 供给饮水、灌溉。湖泊是重要的水源地，是地表水资源的重要载体，是陆地水资源的重要组成部分。由于湖泊水质好、水量多，为人民生活、农业灌溉、工业生产、生态建设提供了稳定的水源。

4. 水产养殖。湖北"鱼米之乡"的桂冠，很大程度上得益于湖泊。湖北是淡水养殖第一大省、全国最大的淡水产品生产基地，淡水鱼产品丰富，各种营养物质的构成与咸水鱼几乎相同，甚至更优，有助于人的大脑发育。总量连续十多年稳居全国首位，淡水产品加工和出口创汇多项指标在全国保持领先地位。

5. 综合效益。生态：湖泊是湿地生态系统的组成部分，湖泊物种丰富，生物量大，具有重要的生态价值；航运：为湖区群众运输工农业生产、生活物资，成本低廉；旅游：湖泊波光粼粼，风景宜人，美不胜收，东湖、梁子湖、洪湖，每年接待游客众多，推动了当地经济发展；房地产：人们对临湖房地产情有独钟，趋之若鹜，拉动了内需。

（二）存在的问题、成因

1. 数量锐减，水面急剧萎缩

随着经济社会的快速发展和对湖泊的过度开发利用，20世纪大规模围湖造田及近年来房地产开发，湖泊面积不断萎缩，全省100亩以上湖泊从1332个锐减为775个，数量减少40%多，部分湖泊水位持续下降，积水面积和蓄水量不断萎缩，湖泊容量从131亿立方米减到了57亿立方米，下降了56.5%。

2. 水体污染，湖泊功能减弱

由于围垦、围网、围堤、乱捕滥捞等，湖泊生态系统平衡受到破坏，湖泊生物多样性受到严重损害，生态功能严重退化。据调查，长湖在20世纪80年代前，水生植物有50多种，现已有6个物种消失、7个群丛类型消失。生态恶化，据《2014年湖北省水资源公报》，2014年全年期共评价29个湖泊，Ⅱ类水湖泊仅1个，Ⅲ类水湖泊5个，Ⅳ类水湖泊12个，Ⅴ类水湖泊7个，劣Ⅴ类水湖泊4个，现状堪忧。

3. 处罚较轻,填湖屡禁不止

作为全国省会城市第一部关于湖泊的综合性地方法规,《武汉市湖泊保护条例》规定违法填占湖泊的,处 5 万元以下罚款,处罚太轻。2012 年 5 月 30 日,湖北省第十一届人大常务委员会第三十次会议审议通过了《湖北省湖泊保护条例》。该条例对填占湖泊等水事违法行为,最高处罚 50 万元,较之于武汉市的处罚数额提高了 10 倍,似乎很高。而对于开发商来说,与填一亩湖泊带来的经济效益相比,50 万元罚款完全可以忽略不计。

三、对 策 措 施

(一) 落实《湖北省湖泊保护条例》规定的 10 项制度

《湖北省湖泊保护条例》设计了湖泊保护实行名录制度(第 4 条)、湖泊保护实行政府行政首长负责制(第 6 条)、建立和完善湖泊保护的部门联动机制、湖泊保护联席会议制度(第 9 条)、建立和完善湖泊保护投入机制(第 10 条)、建立湖泊生态补偿机制(第 13 条)、实行湖泊普查制度(第 18 条)、实行最严格的湖泊水资源保护制度(第 25 条)、建立湖泊监测体系和监测信息协商共享机制(第 29 条)、建立公众参与的湖泊保护、管理和监督机制(第 51 条)、建立、完善湖泊保护的举报和奖励制度(第 56 条)等 10 项制度。过去我们总说法规不健全,无法可依,现今湖泊保护法规出台了,顶层设计有了,就要严格执行。这 10 项制度特别是行政首长负责制、投入机制、生态补偿机制、举报奖励制度落实到位了,湖泊也就保护好了。

(二) 树立人湖生死同体、福祸与共的价值理念

"思想是行动的先导",一个人有什么样的思想,决定他为人处事的态度、方法。湖北省省委书记李鸿忠在全省湖泊保护暨实行最严格水资源管理制度试点动员大会上的讲话指出,"要树立人湖生死同体、福祸与共的价值理念"。所谓"生死同体",就是人们的行为决定湖泊的生态系统,决定湖泊的生死,湖泊的生态系统反过来决定我们的生存状况,决定我们的生死。所谓"福祸与共",就是我们的命运与湖泊的命运密切相连,湖泊之福就是湖北人民群众之福,湖泊遭受祸害就是湖北人民群众遭受祸害。鸿忠同志的讲话,站位很高,抓住了要害。树立爱湖惜水文化理念、价值取向,比建设一个湖泊工程、处罚一个人更难、更重要、更有意义。各级人民政府要把"人湖生死同体、福祸与共的价值理念"贯穿经济建设、政治建设、文化建设、社会建设各方面和全过程,植入领导者、人民群众内心深处。

(三) 遏制填湖动力

填占湖泊,开发房地产,确能拉动内需,确能出政绩,干部也易升迁,立竿见影,地方领导有"填占湖泊"的动力。反之,保护湖泊、治理湖泊要投入,提高不了 GDP,暂时看不到政绩,有的地方领导不想干、不愿干这"赔钱"的买卖。湖泊是湖北之本、湖北之魂、湖北之要。湖北的湖泊不仅是湖北的,更是中国的、世界的、人类的。要严格落实湖泊保护

责任考核制度,把湖泊保护与干部的政绩、提拔相挂钩。凡对辖区填湖行为支持、纵容、处置不力的领导干部,一律不予提拔;对填湖产生的 GDP 不予认可,让地方领导失去填湖动力,为子孙后代留下永续发展的基本生存条件,为国家、世界、人类做出贡献。

(四) 在本土媒体开辟填湖、污湖曝光台

随着国家资源节约型、环境友好型社会建设的推进,以及《水法》《水污染防治法》《湖北省湖泊保护条例》的广泛宣传,当事人知道填湖、污湖行为违法,自知理亏。他们最害怕曝光,引起众怒。要发挥舆论监督的作用,在报纸、电视、广播、互联网设立"曝光台";对投诉人依法予以奖励;对违法当事人列入"黑名单",让其终身不得承揽工程。织就湖泊保护监督的天罗地网,使填湖、污湖行为成为过街老鼠,人人喊打,无处藏身。

(五) 对填湖、污湖犯罪行为依法追究刑责

随着《武汉市湖泊保护条例》《湖北省湖泊保护条例》的出台,湖北省湖泊保护的地方法规体系初步建立。水利、环保、农业、林业等部门,对填湖、污湖、投肥养殖,猎取、捕杀和非法交易野生鸟类及其他湖泊珍稀动物、采集和非法交易珍稀、濒危野生植物等违法行为要坚决予以打击。造成严重后果的,报请司法机关依照《刑法》污染环境罪、非法捕捞水产品罪和非法猎捕、杀害珍贵、濒危野生动物罪等法条,追究其刑事责任。

四、结　语

湖泊生态文明建设,与人民群众生产、生活息息相关,是湖北经济社会发展中天大的事。湖泊保护难,但难不过"神十"卫星上天。只要全省上下同心同德,爱湖、亲湖、护湖、养护、美湖,"千湖之省,碧水长流"的目标就一定能够实现。

湖北水生态文明建设

　　水生态文明建设是生态文明建设的资源基础、重要载体，是生态文明建设重要的推进器和生态文明程度的关键评价指标之一。水生态文明建设历来是湖北生态文明建设的重要组成、基础保障和显著标志。近年来，湖北水生态文明建设工作取得了积极进展，但水环境质量差、水资源保障能力弱、水生态受损重、环境隐患多、涉水体制问题依然存在、建设经验模式有待探索等问题依然较为突出。如何把水资源、水生态、水环境承载能力作为"五个"湖北建设与发展的刚性约束，然后进一步变成优势，真正实现优于水而不忧于水，是当前亟需解决的重大现实问题。

打造水生态文明建设的"湖北模式"*

——湖北水生态文明建设与创新研究

陈　虹　刘佳奇**

　　水是生命之源、生产之要、生态之基、文明之魂。作为生态系统中的基本要素,水是生态系统中最为关键的因子、变量,水生态是生态系统最活跃、最重要的部分。水生态文明建设是生态文明建设的资源基础、重要载体,是生态文明建设重要的推进器和生态文明程度的关键评价指标之一,是人类文明的新价值取向,是人类文明发展的新阶段,是实现人与自然和谐相处的重要途径。

　　党的十八大报告强调,要给子孙后代留下天蓝、地绿、水净的美好家园,建设美丽中国。2014 年 3 月,习近平总书记从为实现中国梦提供更加坚实的水利支撑和保障的高度,围绕国家水安全保障作了重要讲话,提出了"节水优先、空间均衡、系统治理、两手发力"的治水思想。可以说,水生态文明是社会历史、自然环境与生产方式发生翻天覆地变化的产物,建设生态文明更要坚持水生态文明建设先行。

一、水生态文明的定义及其内涵

(一) 水生态文明的定义

　　生态兴则文明兴,生态衰则文明衰。作为生态系统中的基本要素,作为生态环境的控制性要素,水是生态系统中最为关键的因子、变量,水生态是生态系统最活跃、最重要的部分,水生态文明是生态文明的重要基础、构成和保障,水生态文明建设是生态文明建设最重要、最基础的内容。迫切需要大力推进水生态文明建设,并将之作为生态文明建设的先行领域、重点领域和基础领域。

　　在现代社会,水是人类文明可持续发展的核心要素,水资源管理是个更紧迫的优先议程之一,水资源已成为可持续发展的头等大事、命脉之基。我国亦将水环境保护作为

　　* 文章受湖北水事研究中心科研项目经费资助。
　　** 作者简介:陈虹,中南财经政法大学法学院副教授,湖北水事中心研究员;刘佳奇,辽宁大学法学院讲师,湖北水事中心研究员。

生态文明建设的重要内容：习近平总书记关于生态文明建设和生态环境保护作出一系列重要指示，强调要大力增强水忧患意识、水危机意识，从全面建成小康社会、实现中华民族永续发展的战略高度，重视解决好水安全问题。李克强总理强调指出，水污染直接关系人们每天的生活，直接关系人们的健康，也关系食品安全，政府必须负起责任，向水污染宣战，拿出硬措施，打好水污染防治"攻坚战"，建立防止"反弹"的机制，以看得见的成效回应群众关切，推进绿色生态发展。2015 年 4 月 2 日，国务院正式发布《水污染防治行动计划》(国发【2015】17 号)，将是当前和未来相当长一段时间中国治理水环境的纲领性文件与总体路线图。为加快推进水生态文明建设，水利部于 2013 年 1 月印发了《水利部关于加快推进水生态文明建设工作的意见》(水资源[2013]1 号)，提出把生态文明理念融入到水资源开发、利用、配置、节约、保护以及水害防治的各方面和水利规划、建设、管理的各环节，加快推进水生态文明建设。以此为基础，2014 年 8 月，湖北省省委召开常委会会议，专题研究全省水安全工作，立足本省的水情、社情，提出：要以习总书记重要讲话为基本遵循和行动指南，进一步调整新时期治水思路，牢固树立"节水优先、空间均衡、系统治理、两手发力"的基本思想，切实提高湖北省水安全保障能力。要坚持以水定需、量水而行、因水制宜，坚持人口规模、发展布局与水资源环境承载能力相匹配、相均衡，以水资源为龙头统筹配置要素资源。从根本上提升全省水安全保障能力，把水资源优势转化为发展优势奠定坚实基础。结合党的十八大报告和中央、湖北相关文件精神，我们以为，水生态文明是人类遵循水生态系统特有的自然规律，科学开发、高效利用、有效保护水资源，积极改善与优化人水关系，建设良好的水生态环境所取得的物质、精神、制度等方面成果的总和。

（二）水生态文明的内涵

水生态文明是一种爱水亲水、节水保水、量水而行、人水和谐的现代文明形态，反映了人类处理自身活动与水资源、水生态关系的进步程度，是人类社会进步的重要标志。其意旨宏大、内涵丰富，具体而言：水生态文明的本质是人水和谐；**水生态文明的基础是水生态保护**；**水生态文明的关键是水资源可持续利用；水生态文明的核心内容是发展水利**。

二、湖北水生态文明建设的现状

湖北素有"千湖之省"的美誉，境内江河湖库众多，水系发达，是三峡工程库区坝区所在地、南水北调中线工程水源地。湖北人依水而生，湖北城市依水而兴，湖北发展依水得势，湖北文化依水扬名，湖北正是得水之利而有活力、有合力、有实力、有潜力、有魅力，水更是渗透到了经济、历史、文化、民生等的每一处肌理之中。富集的水资源，奠基了建设水生态文明的最重要优势；得天独厚的水资源条件和水生态禀赋，为推进水生态文明建设提供了良好的资源保障，对统筹协调经济健康发展、和谐社会创建和生态环境保护尤为重要。因此，水在湖北省经济社会发展中的基础性、全局性、战略性地位日益显现。水生态文明建设历来是湖北省生态文明建设的重要组成、基础保障和显著标志,水资源的健康程度演化成为衡量湖北文明程度的标尺,尤其是湖北生态文明程度的一项重要指标。从新中国成立到改革开放,历届省委、省人大、省政府大力弘扬"绿水青山就是生产力"的理念,高度重视治水兴水工作,把水资源保护作为维护自然生态的生命系统和良性健康的前提。通过实施水生态文明战略,服务湖北的永续健康发展,用"千湖之省碧水长流"打造了湖北特有的生态文明高地。特别是自 2011 年中央"一号文件"出台以来,省委、省政府更是把兴水利、除水害提到"为政之要、民生之本、兴鄂之基"这一前所未有的高度来抓。为认真贯彻落实国家发改委等六部委局《关于印发国家生态文明示范区建设方案(试行)的通知》(发改环资 2013【2420】号)及《水利部关于加快推进水生态文明建设工作的意见》(水资源【2013】1 号),湖北省省水利厅根据省委、省政府关于大力加强生态文明建设的有关要求,加快推进水生态文明建设工作。多年累积,久久为功,湖北治水兴水成就显著,水生态文明建设基础扎实,亮点频出:流域防洪减灾能力显著提高,水资源综合利用体系基本形成,水资源与水生态保护取得重大进展,涉水事务管理能力明显增强,为湖北经济健康发展、社会和谐稳定提供了有力的支撑和保障,让不可多得的水资源优势成为"五个湖北"建设发展优势。但与此同时,尽管湖北省水生态文明建设工作取得了积极进展,但水环境质量差、水资源保障能力弱、水生态受损重、环境隐患多、涉水体制问题依然存在、建设经验模式有待探索等问题依然较为突出。随着工业化、城镇化的深入、快速发展,水资源供需矛盾加剧、水生态环境恶化等问题日益突出,水安全新老问题交织的形势日益严峻,已成为影响湖北省经济社会可持续发展的重要制约因素之一。具体而言:水安全保障能力增强,但防洪保安和供水保障需要再次升级;水资源节约成绩显著,但节水治污任务依旧艰巨;水生态保护和修复初见成效,但河湖生态系统结构与功能的整体恢复任重道远;水利工程建设初成体系,但未注重人水和谐导致水生态失衡;水资源管理工作基础扎实,但现代水治理能力有待进一步提升;水文化宣传教育有序推进,但彰显不足、引领作用不突出。

因此,如何把水资源、水生态、水环境承载能力作为湖北省建设与发展的刚性约束,然后进一步变成优势,真正实现优于水而不忧于水,即成为急需解决的重大现实问题。

三、湖北水生态文明建设中存在问题的原因

水生态文明建设并不是简单运用生态环保理念做传统水利工作,必须革新发展战略、规划思路和目标和实施方法,来统筹协调经济发展、和谐社会建设和生态环境保护之间关系。在此意义上,水生态文明建设虽不是全新工作,但需要全新的体制、机制、管理、经验。创新水生态文明建设模式是推进湖北省水生态文明建设的关键因素。目前湖北水情"忧优"并存,水生态文明建设阻力较大的主要症结在于水生态文明建设模式的创新性不足。

(一)重开发轻保护,传统生产生活方式尚未从根本上改变

湖北水资源丰沛,但长期以来根深蒂固的水的易得性观念,使湖北人对水的重要性

缺乏认知——人人都以为湖北的水多，不知道湖北的水少，"千湖之省"的美誉遮蔽了湖北水资源约束日益趋近、问题越发严峻的现实。生产生活中浪费水、污染水、破坏水现象十分普遍。因天然的水优势而形成的生产生活方式传统而简单——伴水而居、靠水而作，依水建城。特别是在产业布局上，大量高耗水产业逐水而设，依水发展商业、交通运输业以及对水资源需求较大的重工业以及种植业、养殖业。实践证明因水资源丰沛而形成的占水、耗水、污水观念在现代经济发展中问题凸显——水资源的多元价值未被充分认识，对节约用水的紧迫性和重要性认知不足。导致水资源所产生的经济效益与拥有的水资源总量反差巨大，未能发挥对经济社会增长应有的支撑作用，对经济社会发展整体增值的贡献度不高。特别是少数地方政府及其领导干部水资源忧患意识淡薄，片面注重形象工程、政绩工程建设，忽视生态水利建设，更有甚者，有的地方急功近利，无视自然发展规律和水资源承载能力，依然对水资源进行掠夺式开发，致使河道越挤越窄、湖泊越围越少、堤坝越筑越高、湿地越占越多，原有水系平衡遭到破坏，人为地阻隔了江湖的天然联系，水质每况愈下，对生态环境和生物多样性构成严重威胁。

（二）规划冲突，宏观水资源战略缺失

水资源是湖北实现跨越式发展的重要支撑，关系到国民经济和社会发展的全局，水资源的开发利用与保护需要体现综合决策的要求。由于湖北缺乏具有法律效力的综合水资源战略，没有理顺水资源保护和开发的关系，难以统筹水资源的经济效益、社会效益、环境效益，导致各规划之间的目标与措施不统一，对水资源保护工作的定位不清，保护与开发之间的关系没有理顺，具体表现为：规划自身的矛盾；规划层面的顶层设计缺位，涉水专项规划、区域规划、行业规划缺乏必要的衔接整合。

（三）现代水治理体系尚未形成，水治理体制机制不顺

我们面临的水危机，表面上看是资源环境危机，实质上则是治理危机。欲推进水生态文明建设，着力构筑水生态治理与水安全保障体系，提高水资源综合供给能力和水资源水环境承载能力，必须建立现代水治理体系。水治理体系的现代化是国家治理体系现代化的题中之意，其关键在于理顺水治理的体制机制，提升水治理的能力。目前，湖北水治理的体制机制仍存在一些问题，制约着湖北水治理体系的现代化：治理模式难以适应水资源特殊属性；治理主体单一，市场和公众参与程度不够；管理权限尚未理顺；市场在水治理中未充分发挥作用，完善的水市场机制尚未形成。

（四）水生态文明建设资金不足，不可持续

2011 年中央 1 号文件出台后，湖北省水利投入稳定增长机制逐步建立并完善，水利投资规模显著增长。但是，水生态文明建设具有长期性、复杂性、系统性和反复性的特点，决定了各项水利工程项目均需要大量资金投入，但对照水利发展目标，现阶段资金投入明显存在不足且不可持续，投入总量不足、投资主体单一、长效投入机制缺失等因素制约了水生态文明建设的顺利推进。迫切需要制定政策措施，拓展投资融资渠道，为着力

推进全省水生态文明建设筹措更多、更持续的资金。

四、立足湖北省情、总结湖北经验，打造"湖北模式"

建设水生态文明，必须保障水资源可持续利用，建设水生态文明，必须切实加强水资源管理；建设水生态文明，水利必须先行。面对"优忧"并存的省情、水情，加快水生态文明建设，既是湖北生态文明建设的先行领域，建设美丽湖北的突破口与推进器；也是新时期湖北省水利改革发展的重要任务，推进湖北水利现代化建设的重要抓手。迫切需要湖北发扬重视水利、惜水护水的优良传统，打好加快水利改革发展的"组合拳"，运用创新的思维和系统的方法，明确水生态文明建设的基本原则及目标，打造湖北水生态文明建设的新模式。

（一）水生态文明建设的基本原则

一是转换治水理念，正确处理保护与发展的关系，遵循保护优先、严守红线根本方针，保障水资源可持续利用；二是坚守空间均衡重大原则，树立人与自然和谐的价值观，强化水资源环境刚性约束；三是坚持系统治理思想方法，统筹协调解决水资源、水环境、水生态与水灾害问题；四是把握政府作用和市场机制两手发力基本要求，深化水治理体制机制创新。

（二）水生态文明建设的目标

创新水生态文明建设的总体目标是以"节水优先、空间均衡、系统治理、两手发力"为基本原则，充分考虑水利公益性、基础性、战略性特点，以水利的生态化为切入点，务必寻求突破口，找准重点，实现生态水利、民生水利和资源水利三位一体的和谐发展。而具体目标应当立足结合湖北的省情与水情，积极把握和顺应经济规律、自然规律、生态规律，建立事权清晰、权责一致、规范高效、监管到位的水生态文明建设体制机制，推动构建科学的规划体系、严格的责任体系、完备的工程体系、规范的管理体系、健全的法治体系、高效的监控预警体系等六大体系，形成"水资源节约、水生态保护、水安全维护、水管理保障、水文化弘扬"五位一体格局，以水生态文明建设促进具有湖北特色的现代大水利全方位融合发展。具体内容包括：最严格水资源管理制度有效落实；巩固节水防污型社会建设成果，用水总量得到有效控制，用水效率和效益显著提高；科学合理的水资源配置格局基本形成，防洪保安能力、供水保障能力、水资源承载能力显著增强；水资源保护与水系健康保障体系基本建成，水功能区水质明显改善，饮用水水源地水质全面达标，生态水系在原有基础上进一步得到有效修复，形成"水源优、河湖通、清水流、沿岸美"的健康水生态系统；水资源管理与保护体制基本理顺；水生态文明理念深入人心。

（三）创新水生态文明建设的总体模式——流域水资源综合价值发展

湖北省坐拥中部崛起战略支点、国家"两型社会"综合配套改革试验区、国家自主创新示范区与长江经济带等国家战略,正处于经济社会转型发展的关键时期。湖北相对丰富的水资源条件、优越的水生态环境、特色鲜明的区域特点,奠定了水生态文明建设的良好基础,创新水生态文明建设模式基础较好、时机成熟、代表性强、辐射面广。加快水生态文明建设,既是建设美丽湖北的现实要求,也是新时期水利改革发展的战略任务。迫切需要运用创新的思维和系统的方法,打造湖北水生态文明建设的新模式;迫切需要结合湖北的"省情"与"水情",总结湖北经验、探索适合于湖北特色的、可复制、可推广的水生态文明建设的"湖北模式",为建成湖北生态支点战略地位提供重要支撑,为在全国范围内践行水生态文明建设提供重要示范。

湖北省创新水生态文明建设应当坚持流域治理与区域治理相结合,采取流域水资源综合价值发展模式:以流域为基础和纽带,以行政区域为载体,以江河湖库为节点,发掘湖北省水资源开发的综合效益,实施"产业、文化、生态、民生、工程、体制机制"等要素的协调与整合,构建"以流域水资源价值的发现、整合与提升为目标"的水生态文明建设模式,实现流域范围内经济效益、社会效益和生态环境效益的最大化和最优化。其中,水生态保护是前提,水生态文明建设规划是先导,涉水产业转型是引擎,水利工程建设是载体,水环境修复与治理是关键,水权明晰是命脉,治水体制机制是突破,水文化彰显是灵魂。

典型案例

十堰"文旅农一体发展、山水人和谐共生"的区域综合价值发展

十堰拥有"仙山、秀水、汽车城"三张世界级名片,但也曾经面临重重发展挑战:世界级的山水资源市场仅是三流,旅游发展仍停留在传统观光旅游为主的门票经济初级发展阶段;南水北调工程上马,库区生态保护与移民出路问题,使得十堰新的挑战与机遇并存。十堰市委、市政府和武当山特区秉持前瞻性和全局性的战略眼光:产业上要从汽车突围,空间上从山地整理突围,文化旅游从武当山突围。武当山的突围要着力于自身优势,通过政府主导、市场运作,引入龙头企业,实现山水与人文互动,突破性发展大武当山旅游,以武当山为龙头示范带动全市旅游产业发展,实现全市城乡统筹,库区流域生态保护与民生富裕。

在世界文化遗产、中国道教文化圣地武当山下,一个致力于打造世界知名、国际一流的复合型旅游目的地项目——武当太极湖生态文化旅游区,四年来坚持"文旅农一体发展、山水人和谐共生"的流域综合价值可持续发展观,开启了中国生态文化旅游产业发展的创新探索实践里程。太极湖战略目标是通过三步走战略和四大工程来实现。第一步,2012年年底前协助政府建成太极湖新城区。第二步,2014年年底前建成太极湖旅游区,成为中国区域综合价值发展示范区。第三步,"十二五"规划中末建立以环丹江口库区为空间范围,以民营资本为纽带,以"太极天堂"为品牌的"环丹江口生态文化旅游圈",最终提炼一个区域综合价值发展模式;实现生态文明和民生发展两大目标;构建旅游发展、文化投资、城市开发三大平台;实施产业工程、文化工程、生态工程和民生工程等四大工程;打造旅游、文化、生态、养生和民生五大亮点。

（四）创新水生态文明建设模式的具体实现路径

湖北水生态文明建设应当从人水和谐的根本需求出发，因地制宜，彰显特色，针对各地区最关心、最迫切需要解决的水资源问题，依据当地的水资源条件、生态环境特点和经济社会发展阶段，通过整合与协调水生态文明各构成要素，大力推进制度创新，发现不同时空条件下水生态文明建设实现路径：

一是以防汛抗旱和城乡供水为主体，强化水安全保障能力建设。

千方百计地确保防洪安全；毫不动摇地保证抗旱安全；坚定不移地保障粮食安全；矢志不渝地保护饮水安全。

典型案例

潜江市整装备"汛"保安澜

位于水网湖区的潜江市是全省重点防洪城市，境内的汉江段、东荆河是汉江中上游的洪水走廊，总干渠是长湖的泄洪走廊，全市有八成左右的工农业产值易受洪水威胁，因此防汛抗灾历来是潜江"天大的事"。为牢牢抓住防汛备汛工作的"牛鼻子"，该市积极采取一系列行之有效的措施：一是在全市范围内组织开展了以清除河渠障碍、清除水生杂草、清除白色垃圾为主要内容的"三清"活动；二是针对防汛排涝抗旱过程中暴露出来的水利工程"短板"，相继开展了东荆河倒虹管、灌区续建配套、农村安全饮水、小农水重点县、泵站新建、闸站出险加固等一批重点水利工程项目建设；三是通过整合项目，投入资金100万元开始建设水利工程信息采集与调度系统，用于全市主要控制性涵闸、泵站的水雨情信息采集及储存、分析，为调度人员提供准确的数据；四是在气象和水情等重要信息搜集的过程中，将全市水雨情信息系统与市气象局气象信息系统和市水文局水情系统相连，为防汛抗旱的决策及分析和各类预警预报的及时发布，提供准确信息来源；五是利用防汛抗旱视频指挥系统接收省、国家的防汛抗旱有关会议及其他工作部署，便于全市及时、快速、准确贯彻落实相关决策及工作安排，同时与手机短信平台现结合，实时向市防指领导提供气象预测和防汛抗旱等重要信息，并为各地防汛抗旱提供预报预警信息。

二是建设节水防污型社会，提高水资源的利用效率和效益。

水资源匮乏已经成为21世纪的世界性问题，节水增效已经成为世界各国政府需要共同面对的课题。面对"守在江边无水吃"的严峻现实，湖北亟需建立起政府调控、市场引导、公众参与的节水机制，把水资源粗放式开发利用转变为集约型、效益型开发利用。加大适应性种植和节水灌溉示范项目建设力度，引导农民全面提高农业节水水平；淘汰落后工艺、设备和产品，对重点大中型企业进行节水技术改造，大力推广节水新技术、新工艺和新设备，提高工业用水重复利用率，促进企业推行清洁生产；鼓励企业研发或引进先进技术，为节水治污工作提供科技支撑；城镇宾馆、饭店、洗浴、游泳等公共场所逐步更换节水型用水器具，淘汰现有住宅中不符合节水标准的生活用水器具，引导居民尽快养成节约用水的良好生活方式；加快城镇供水管网改造力度，降低管网漏失率。

典型案例

武汉市积极推进"技术节水"，成绩斐然

武汉围绕"技术节水"的路线，在全市企业中重点推广先进节水技术。在龙头企业的带动下，全市年用水量100万立方米以上的企业基本上都开展了节水型企业创建工作，在加强节水基础管理工作的同时，将节水技术应用作为提高节水水平的主要手段。武汉市第一耗水大户——武汉钢铁（集团）公司，十年间在工业产值由不到100亿元增长到目前超过1000亿元的情况下，通过节水改造，用水总量由5亿多立方米下降到7000万立方米左右，下降幅度达到近90％，生产每吨钢铁的用水量也由过去的近30立方米下降到3.92立方米，远远优于国家标准，第一耗水大户成为了第一节水大户。百威英博（武汉）国际啤酒有限公司一切按最优标准实施节约用水管理，公司中水回用并无偿外供成为全国首例，公司每日处理回收4000立方米中水，将其中2000立方米用于厂区内绿化、道路冲洗、厕所冲洗及部分生产环节。自2000年至2013年，武汉万元GDP用水量由309立方米下降到44立方米，万元工业增加值用水量由461立方米下降到51立方米。

三是把小流域综合治理作为流域源头、溪沟水土保持生态环境建设的重要抓手。

流域所具有的整体性、系统性要求树立山水林田湖是一个生命共同体的系统思想，把治水与治山、治林、治田有机结合起来。湖北省境内流域众多，尤其是流域源头、溪沟的水土保持生态环境建设工作任务艰巨。应当借鉴国际先进的流域综合治理经验，推进三峡库区、丹江口库区、大别山南麓、清江、汉江上中游等流域源头、溪沟的水土保持重点区域和重点项目建设。

在建设过程中，充分发挥水土保持是山区发展生命线的作用，以小流域为单元，以村为单位，以农业技术为支撑，围绕适应本村环境发展的支持产业，制定科学的治理与发展相结合的水土保持综合治理规划，建成工程防护、植物防护和建后管护三个体系。集治山、治水、治污、治穷为一体，突出坡耕地治理与现代农业发展、产业结构调整、改善生态环境、新农村建设"四个结合"，大力扶持兴建特色农业、高效农业，实现山、水、田、林、路综合治理，池、渠、沟、凼、路合理配套。最终实现治理水土流失、改善生态环境、提高群众收益的目的，使小流域治理工程成为真正的生态工程、致富工程、民心工程。

典型案例

湖北省"丹治"工程小流域综合治理

湖北省丹江口库区上游地区自2007年启动"丹治"工程小流域综合治理项目以来，在水利部、长江水利委员会的大力支持和关心下，抢抓项目建设机遇，以确保"一库清水送北京"为目标，坚持以治理水土流失、改善库区生态环境、提高项目区群众生产生活水

平、加快区域经济发展的治理思路,奋力开展工程建设,圆满完成建设任务,取得了预期成效。一期工程完成水土流失治理面积 4638 平方公里,其中完成生态修复面积 326816 公顷。库区粮食总产量由原来 28916 万 kg 增加到 30200 万 kg,年增产粮食近 1300 万 kg,有效保障了项目区群众和后靠移民口粮问题。共新造生态、经果林 103113 公顷,种草 320 公顷,实施封禁治理 326816 公顷,为昔日荒山坡地披上了绿装。项目区植被覆盖率提高了 10% 以上,年平均侵蚀模数由 4454 t/km²·a 下降到 3368 t/km²·a,年拦蓄泥沙量 2266 万吨,年拦蓄径流量 1.9 亿 m³。不仅有效地保持了水土、涵养了水源。生态环境得到了明显改善,还为库区农村经济发展增添了强劲的动力。目前正在实施的二期工程按规划实施后,水土流失累计治理程度达到 50% 以上,新增项目区林草覆盖率增加 10% 以上,年均增加调蓄能力 2400 万方以上,年减少土壤侵蚀量 260 多万吨。

四是对流域的干流和大型支流实施江湖共治、重建江湖关系,整体推进江河湖库水生态修复与保护。

根据湖北省经济社会发展需求,把流域的干流和大型支流水生态保护与修复作为水生态文明建设的重要载体。按照"控污优先,生态修复,水网连通,综合治理,协调发展"的原则,构筑江湖相通、水畅其流、水质达标、水清岸绿、生物多样、人水和谐的水生态环境系统。综合运用截污治污、江湖连通、河湖清淤、湖水置换、生物过滤等措施,在流域的干流和大型支流建设以河湖水生态保护与修复、水系连通和可持续发展为基础的现代生态水利工程。大力开展以武昌大东湖、四湖流域、黄石磁湖等 100 个河湖水生态环境修复与保护为重点的生态河湖工程建设,以动治静、以丰补枯、以清释污,加快流域水体循环,改善水体水质。实现"一河一湖一策一景",使每一条河流、每一个湖泊彰显灵韵、焕发生机。形成布局合理、生态良好,引排得当,循环通畅,蓄泄兼筹,丰枯调剂,多源互补、调控自如的江河湖库水网体系,提高水资源调控水平和供水保障能力,取得良好的经济、社会和生态效益。

典型案例

武汉"大东湖"生态水网构建工程

大东湖生态水网以全国最大的"城中湖"——武汉东湖为中心,由东沙湖水系和北湖水系的江、湖、港、渠构成,包括东湖、沙湖、杨春湖、严西湖、严东湖、北湖等 6 个主要湖泊(水面面积 62.6 平方公里)以及青潭湖、竹子湖等湖泊,通过"三大工程(污染控制、水网连通、生态修复)、一个平台(监测与评估研究平台)"建设,实现江湖相通,构建生态水网湿地群。工程总投资 158.78 亿元,实施期 12 年,其中近期(2008—2012 年)投资匡算 89.03 亿元,远期(2012—2020 年)投资匡算 69.75 亿元。其中,东沙湖连通渠工程是大东湖生态水网构建项目的启动工程,该工程自 2010 年 4 月 30 日开工,2011 年 9 月 30 日楚河竣工通水,2013 年 12 月初期雨水截流箱涵全线连通,并投入运行。该工程的建设打通了东湖和沙湖的水力连通通道,增强了茶港地区的区域排渍能力,完善了区域内配套的雨污水收集与处理系统,有助于控制水果湖面源污染,改善东湖、沙湖和水果湖水质,改善生态环境,提升区域城市功能和城市环境景观,极大地促进了区域经济发展。

五是遵循生态规律,采用生物措施治理水生态,实现水生态治理方式的创新。

积极采用生物措施治理水生态,用生态方法调动流域水体本身的自净能力是水生态治理中事倍功半的治本之策。湖北省境内亟待修复和治理的河湖众多,可以因地制宜地利用生态系统自我修复和自我净化功能以及微生物、植物等生物的生命活动,对水中污染物进行转移、转化及降解,从而使水体得到净化,创造适宜多种生物生息繁衍的水环境,重建并恢复水生态系统。积极开发并大力推广人工湿地、生物廊道、生态浮岛等经济实用技术模拟天然水体生态系统治理污染,采取底泥疏浚、种植水生植物、恢复水生植被等手段,逐步改善水质,并最终恢复生物多样性,实现水生态环境的全面改善。

典型案例

沙湖生态修复工程

湖泊是湖北省优势突出的重要战略资源,几十年来,由于多种原因导致湖泊数量和面积锐减,而且水体污染、水环境恶化、生态脆弱、湖泊功能退化等问题突出。水科院依托湖泊河流研究所这个平台,自主选题、自己投资,投入大量的人力、物力、财力到武昌区内沙湖生态修复项目上,修复后的内沙湖水体清澈见底,湖泊水质整体达到Ⅲ类,部分指标到达Ⅱ类,水下森林密布,可见螺蛳、游鱼栖息其间,水质和景观效果得到稳步提升,初步形成和谐共生的良性生态系统,行业同仁和专家学者纷纷到内沙湖考察"取经",专家们称赞"这水可真正称得上清澈见底！"。2013年12月中旬,在水利部举办的《水利高层次专业技术人才研讨班》上,来自全国各省、直辖市的45位领导和专家学者在听取了内沙湖水生态系统修复有关情况的汇报后,对内沙湖科研项目取得的成果给予高度评价："这才是真正的水生态文明建设。"

六是合理评估水利工程生态影响,保证生态流量。

水生态文明建设的重要目标之一就是维护水生态系统的健康和可持续性,着眼点是加强生物栖息地建设和改善河流自然水文条件,以保证最小生态需水量,恢复生物群落多样性,创造生态系统的物种流、能量流、营养物质循环以及生物竞争的条件,维持生态平衡。因此,在保证水利工程建设除害兴利的同时,必须统筹考虑维护江河、湖泊水库及地下水的合理水位或水量,确定并维持河流合理流量和湖泊、水库以及地下水的合理水位,首先保障生态用水基本需求,然后进行社会经济系统内部的耗水量分配。严格按照水资源综合规划、河流水能开发规划的要求,在水利工程设计、建设、运行过程中,不仅要考虑水利的兴利功能,而且要在工程布局上兼顾水生态功能。在水利工程调度上,要变洪水调度为洪水和资源结合调度,变汛期调度为全年调度,变水量调度为水量水质统一调度,充分发挥水利工程调度在水生态保护方面的作用。

典型案例

恩施市水电站整改保证生态水量

　　恩施市罗坡坝电站,在修建大坝时左侧预埋了生态放水管,但生态流量不能达到批复的最小流量 0.75 m³/s。恩施市水利水产局下发了《关于责成罗坡坝电站修建泄放生态流量设施的通知》,要求该电站在生态流量电站没有建成前,对生态放水管进行改建,作为临时泄放生态流量设施。2014 年 4 月 25 日,该电站完成了生态放水管改建工程,并在大坝 709.5 米高程处加装了管径为 600 mm 的生态放水管实施常态放水。再如恩施清江大龙潭水利水电枢纽工程以防洪、发电为主,兼顾城市供水功能。坝址多年平均流量70.3 m³/s,水库总库容 5200 万 m³;电站原设计装机 2 台、总容量 3 万 KW。为确保改善大坝下游河段水生环境,在大坝坝脚处河道左岸增设一装机容量 1600 千瓦生态电站。2008 年 10 月,生态电站正式投入使用后,既确保了生态流量的泄放,又充分利用了水能资源。对电站大坝至与厂房之间 500 m 自然河段和电站下游清江河段生态环境等起到了十分明显的作用。2014 年 7 月,大龙潭工程顺利通过水利部组织的绿色小水电评价复审,被授予绿色小水电站称号。

　　七是建立归属清晰、权责明确、监管有效的水资源产权制度,探索水资源治理模式的市场化、社会化创新。

　　开展水资源使用权确权登记,积极培育水市场,推进流域、区域、行业和用水户之间的水权交易。因地制宜定位改革形式,按照"宜分则分、宜包则包、宜统则统"的原则,分类确定适合本地水利工程产权改革的形式(拍卖、承包、租赁、股份合作、产权到户、产权到联户和产权到合作组织),准确定位经营者享有的权利范围(所有权或用益权)。水利工程产权改革的内容应以合同形式固定,明确双方的权利和义务,依法给权利人核发相关证件(水利工程财产所有权证或用益权证、土地使用权证,水源工程还应核发取水权证),保证权利人对水利工程享有明确完整的权利,并受到法律保护。对于村以下的堰塘、泵站、河垱(坝)及渠道等小微型水利工程,从现有存量水利设施入手,在尊重群众意愿、调动其积极性基础上,以确水、确权为突破口,采取受益户共有的办法进行改革。

典型案例

宜都水权交易试点

　　2014 年 7 月,水利部在系统内部印发了《水利部关于开展水权试点工作的通知》,启动水权改革试点工作,在全国 7 个省区先行试点,试点内容包括水资源使用权确权登记、水权交易流转和开展水权制度建设三项内容,试点时间为 2—3 年。宜都市被列为全国水权改革试点,是湖北省唯一列入全国试点的县市,也是全国水权改革试点中唯一的县级市。其试点内容是在宜都市开展农村集体经济组织的水塘和修建管理的水库中的水资源使用权确权登记。摸底调查农村集体经济的水塘和修建管理的水库中水资源量以及水资源开发利用现状；对已经完成农村小型水利设施产权改革的水库、水塘等，进行水资源使用权确权登记。

宜都市农村集体小型水利工程产权制度改革走在全国前列，这次列入全国水权改革试点，旨在进一步深化农村集体塘堰水资源的确权，加快推进农村集体水权的流转和交易，探索水权制度改革和方法，为全国摸索经验。宜都市委、市政府将在进一步调查研究基础上，制定出台关于实施水权制度改革的实施方案，建立水权交易机制，引导水权有偿转让，促进有限的水资源向高效领域配置。

八是培育水文化依托，形成"惜水、爱水"的良好生产生活方式。

坚持多角度、宽领域、全方位营造百花齐放、姹紫嫣红、健康向上的浓厚水文化氛围，创造无愧于时代的水文化，构建具有湖北特色的水文化体系和支撑。更加注重水生态建设中水文化的挖掘与培育，通过发掘水文化资源；加强水文化宣传；完善水治理思路；提升水工程品位等，为建设水利强省提供强有力的水文化依托。

典型案例

英博金龙泉啤酒（湖北）有限公司亲水、惜水、爱水、护水

英博金龙泉啤酒（湖北）有限公司可以算作是亲水、惜水、爱水、护水的代表。金龙泉啤酒酿造用水，源于全国八大人工水库之一的漳河水库，是"千湖之省"湖北省最大、最具历史与代表性的水体，得天独厚的宽广水域在水资源日益匮乏的今天更显珍贵。金龙泉啤酒自2009年将3月22日世界水日定为金龙泉感恩漳河日后，至今已经成功举办了四届祭水活动，向全社会发出"爱水之声"，让全社会和更多的人加入到保护水资源的环保大军中来。特别是2012年第四届祭水大典主题确定为"感恩漳河，祈福中华"，通过祭水这一富含中国传统文化内涵的庄重形式，表达了金龙泉人受益于水、珍惜优质水源的感恩情怀，呼吁、倡导、唤起公众和企业的爱水意识，引导他们参与到珍惜水资源，保护水环境的实际行动中来。

五、创新水生态文明建设模式的具体建议

总结不同地区、不同特色的水生态文明建设成功经验与模式，镜鉴国际国内先进治水经验，为全面提升湖北水生态文明建设水平，构建流域水资源综合价值发展这一水生态文明建设的"湖北模式"，特提出如下建议：

（一）制定《湖北省水生态文明建设规划》，强化对水资源保护与开发的顶层设计

水生态文明建设事关湖北发展大局，是一项长期复杂的系统工程，尤其需要有高层次、科学的统一规划。因此，亟需制定统一的、系统性的、流域层面的《湖北省水生态文明建设规划》，综合考虑流域社会经济调控、污染源防治工程、流域水土资源调控、湖泊流域

生态保育等因素进行编制,与经济社会发展规划、城乡规划、土地利用规划、生态环境保护规划、人口发展规划等实现多规融合、综合决策。

(二) 形成(完善)水生态文明建设保障体系

推进水治理体系和治理能力现代化,形成"政府统领、企业施治、市场驱动、公众参与"的治水新局面。水生态文明建设是一项复杂的系统工程,也是一项社会性工作,不可能一蹴而就,更不可能一劳永逸。这不仅需要各级政府及其主管部门的努力,同时需要充分发挥市场、社会的作用,注重治水的系统性、整体性、协同性。因此,推进水治理体系和治理能力现代化的核心和关键在于加大水治理体制改革创新力度,打通政府、市场与社会之间的壁垒。

一是立足科学发展全局来统筹水生态文明建设,健全完善组织领导体系。

成立以省委、省政府主要领导、相关部门主要负责人为成员的水生态文明建设工作领导小组,统筹领导全省的水生态文明建设工作。建立严格的水生态文明建设目标责任制,强化各级领导对水生态文明建设的责任。以考核为抓手,考核结果作为评价党政领导班子和领导干部实绩的重要依据。借鉴《湖北省湖泊保护行政首长年度目标考核办法(试行)》,总结经验,进一步落实水资源保护的责任主体,调动各级政府和各有关部门的积极性,统筹协调各方力量形成合力,开创湖北水资源保护工作新局面。

二是强化涉水事务的统筹统管,积极有效地推进水务管理一体化,重点在快速工业化和城镇化地区,特别是在所有城市建立水务统一管理体制。

水务管理是国际上通用的城市水管理体制。其优点在于能够统筹城市防洪与排涝,统筹城市水源建设和城市管网建设,统筹水资源开发利用和污水处理回用,能够减少城市水资源管理中间环节,实现水资源优化配置和节约保护。城市水务的优点使许多地方政府愿意采纳这种城市水管理体制。建议湖北省省政府下决心理顺现有水资源管理权属关系,改革多头管理、多头执法的体制,建立事权清晰、责任明确、行为规范、运转协调、办事高效的水资源管理机构。

三是将社会管理方法引入水生态文明建设的过程中,提高水生态文明建设的参与性、民主性。

在制定和实施水生态文明建设规划和开发利用湖泊河流过程中,要增加透明度,及时、真实、全面地发布有关信息,建立健全公众参与决策机制,完善专家咨询论证、公众代表听证会等制度,虚心征求各利益相关方面的意见和建议,实现决策民主化、科学化。

四是建立健全有利于促进水生态文明建设的管理制度。

严格水资源保护费、排污费征收标准,将排污费纳入水价核算成本,与流域水环境保护和综合治理成本相适应,建立合理的水价形成机制,稳步推进阶梯式水价制度改革。抓紧制定和修改湖北省《水资源保护条例》《取水许可和水资源费征收管理办法》《用水总量控制管理办法》,依法解决长期以来水资源管理无序、保护不力、污染严重等问题。贯彻"良好流域优先保护"的立法新理念,对梁子湖、洪湖、四湖流域等重点流域实现"一域一法",强化水资源的高效利用和严格保护。

（三）建立稳定多元的水生态文明建设投融资机制，以社会资本撬出"金山银山"

建立"政府公共财政投入为主体，充分发挥市场融资作用，广泛吸引社会资本参与水利建设"三位一体的、稳定多元的水生态文明建设投融资机制。

一是明确各级政府及有关部门在水生态文明建设中负主要责任，按照"分级负责，分级投资"原则建立水生态文明建设财政支出分担制度，建立以政府保障为主的投融资机制。二是开发经营权益捆绑，着力打造水品牌，以水"治"水、以水"养"水，建立以水资源效益为基础的投融资机制。三是创新"各投其资，捆绑使用，各记其功，各得其利"的资金投入新机制，加大资金整合力度，建立发挥资金整体效益的投融资机制。四是积极实行开放式投资准入政策，本着"谁投资，谁受益，谁承担风险"的原则，建立市场化动作的投融资机制。五是明确水资源的产权界定、维护、保障与限制，规范各利益相关者的行为，建立以水生态补偿为主的投融资机制。

（四）充分发挥试点和典型的示范引领作用

充分发挥试点和典型的示范引领作用，为全省水生态文明建设提供有益的经验和样板：一是选择近年来在水环境治理、水生态系统保护与修复、水土保持、水利风景区建设等方面取得成效的地区，开展省级水生态文明县（市、区）建设试点创建工作。二是在已有水生态系统保护与修复试点的基础上，选择一些基础条件较好、代表性和典型性较强的流域、河湖开展水生态科技示范工程建设。三是为着力推进全省生态水利建设筹措更多的资金，湖北应在当前国家还没明确生态水利工程专项资金渠道的情况下进行制度创新。

随着湖北省经济社会的快速发展，水资源短缺、水生态损坏、水环境污染等新的水问题日趋严重，现行的水治理体制在解决新的水问题上，反映出部门职能分工不清晰、协调不顺畅、权责不匹配、社会协同与市场机制作用发挥不充分等问题，影响了水治理的实际效果。同时，还要看到，随着全球气候变化影响加剧、三峡水利枢纽与南水北调中线工程的建成和运行、长江经济带进入保护与开发阶段，湖北省面临的水问题将更趋复杂，水治理任务将更趋艰巨。因此，应当全面深化改革，夯实顶层设计，进一步明晰水治理各项任务的职能边界；适当调整部门间的职责，强化统一管理，发挥社会协同作用，尽快完善水治理体制；实行最严格的水资源管理制度，切实保障水安全；完善水资源开发利用和保护一体化决策机制，加强水资源保护；解决民众反映最强烈的水污染治理、水生态修复问题，回应民众新期待；加快培育和发展"水经济"，彰显湖北水优势。通过大力追求水生态文明建设新成效，让荆楚大地水更绿、山更青，绿色发展新路更坦荡，为全国水生态文明建设贡献"湖北样本"。

湖北节水政策透视

陈学福*

党中央、全国人大、国务院高度重视节约用水,习近平总书记提出"节水优先,空间均衡,系统治理,两手发力"16字治水方针,节水排在之首;2011年中央1号文件提出实行最严格的水资源管理制度,严格水资源"三条红线"管理,其中用水总量控制、用水效率控制红线都涉及节约用水;《宪法》第14条第2款规定:"国家厉行节约,反对浪费。"《水法》第8条规定:"国家厉行节约用水。"国务院、湖北省省政府规定水行政主管部门职责"两加强",其中,排在首位的"加强"是"加强水资源的节约"。可见,节约用水已上升到国家战略高度。本文试就推进湖北省节约用水工作提出个人浅见。

一、湖北省水资源现状

湖北省水资源既丰富又不丰富。

丰富主要体现在过境客水多。年过境客水量是自产水资源量的6倍多,达6395亿立方米。湖北省地处长江中游,境内水系发达,河流纵横,湖泊众多,素有"千湖之省"之称;现有湖泊755个。长江自西向东横贯全省,境内流程1061公里;汉江由西北向东南斜插过境,于武汉市汇入长江,流程868公里。全省有5公里以上中小河流4228条,总长5.9万多公里。大型水库74座,名列全国第一。湖北省多年平均降水总量2193亿立方米,多年平均水资源总量1027亿立方米。

不丰富主要体现在人均亩均水资源量少。湖北省自产水资源有限,水资源短缺问题历来被"千湖之省"的美誉所掩盖。实际上,湖北省水资源存在自产总量不丰、人均不丰、亩均不丰的严重不足。一是资源性缺水。全省水资源总量只占全国的3.5%,位列全国各省、自治区、直辖市的第十位,人均占有水资源量1680立方米,只有全国人均占有量的73%,位居全国第十七位,低于全国人均2200立方米的平均水平和国际公认的人均1700立方米的"用水紧张警戒线";亩均占有水资源2104立方米,低于长江流域亩均量2560立方米和邻省四川、湖南、江西的水平。据统计,中等干旱年,全省缺水55.7亿立方米;

---

* 作者简介:陈学福(1966.12—),男,湖北省水利厅水资源处处长,主要从事水资源节约、保护和管理工作。

特大干旱年，全省缺水 120.8 亿立方米，以鄂北地区尤甚，鄂东及鄂东南次之。二是水质性缺水。据环保部门统计，近年来，全省水污染事故频繁，每年发生大小的水污染事故超过 30 起，特别是流域性的水污染事故时有发生，污染的范围广，危害大。局部水体和汉江中下游及部分支流水华频发，湖北省江汉平原有"水袋子"之称，物产富饶，生活富足，但受到水质恶化的困扰。已影响到人民群众饮水安全，加剧了水资源紧缺程度。三是工程性缺水。湖北省三面环山，山区丘陵较多，地貌类型多样，水资源利用条件差，宜昌、十堰、恩施、黄冈、咸宁等地引用水困难，水资源量有效供给减少。

二、湖北省节水存在的困难和问题

政策法规亟待建立。从国家层面看，国家尚未制定《节约用水法》和《节约用水条例》；从省级层面看，湖北省尚未制定《湖北省节约用水条例》以及节水"三同时"（节水设施应当与建设项目主体工程同时设计、同时施工、同时投产）管理办法，节水政策法规体系未建立。未形成节水奖励机制、合理的水价机制，农业灌溉用水几乎免费，大水漫灌方式千年未变；再生水价格高于供水水价，难以调节经济用水结构；水资源有偿使用制度在市场配置中的基础作用未得到充分发挥，无偿使用水资源、浪费水资源的现象仍然存在，缺乏节约保护水资源的内在动力。

管理体制亟待理顺。节约用水是事关全社会的系统工程，涉及各行各业和每一个人，节水管理分布在发改、财政、经信、水利、环保、住建、国土、农业、水产、航运等多个部门。节约用水需要涉水事务一体化管理体制来保障，目前，在全省 115 个县以上行政区域中，实行水务一体化管理的行政区域仅 45 个，与全国近 80% 相去甚远。绝大多数市、县未实行水务一体化管理，水务体制改革进展缓慢，存在地域上"城乡分割"、职能上"部门分割"、制度上"政出多门"的问题。即便是已成立水务局的地方，有的也仅是换了一个名称，并未实行真正意义上的水务管理一体化。

节水意识亟待增强。湖北省一些地方领导，对洪水印象深刻，总认为本地水资源丰富，防洪压倒一切，对节约用水的紧迫性和重要性认识不足，不仅没有按照"三定"方案规定的首要职责来抓，连次要位置都未做到，工作重心主要放在跑项目、要资金、树"看得见"的政绩上，没有时间、精力抓节水，许多地方的水利局实际就是"水利工程局"或"水利建设局"。以至于节水工作投入不足，节水技术落后，用水粗放，可操作性节水措施缺乏，激励公众参加节水型社会建设的机制不健全，全民节水意识有待进一步提高。

湖北省 2014 年用水效率指标与全国对比，见下表。

（当年价，工业含火电）

项目	湖北省	全国
农田灌溉水利用系数	0.49	0.53
万元工业增加值用水量	70 m³	59.5 m³
万元 GDP 用水量	100 m³	96 m³

节水管理亟待加强。取水许可、用水耗水、污水排放、中水回用等水资源使用全过程信息系统建设尚不健全；省节约用水办公室职能不强，县市无节约用水工作机构；以流域为单元的用水总量控制指标尚未建立，难以控制总量，用水定额制度落实不够；节水执法监督检查、废污水排放监督管理薄弱。

三、主要对策措施

随着国家实行最严格水资源管理制度逐步深入，2020、2030 年度用水效率指标的下达，生产、生活、生态"取用耗排"用水环节的监控实现全覆盖，并进行科学评估与分配的技术标准体系建立，各地大力发展经济的用水方式必将受到"三条红线"制约，必须从"天上下雨地上流""水取之不尽、用之不竭""没水就蓄引提抽，用了就排"的旧观念转变到：取水、排水都得许可审批、超总量限批、超计划惩罚、超标污染处罚治理等规范上来。省委省政府制定了"两圈两带"发展战略，提出充分发挥湖北省最大的资源禀赋即水资源优势，但如果长江、汉江"两带"各地一味追求 GDP，不抬高产业准入门坎，不限制高耗水、高污染的造纸、电镀、印染、化工的规模与速度，我们将面临取用水计划限批和生态环境恶化的可能。虽然我们暂时还未做到"以水定城、以水定地、以水定人、以水定产"，但人无远虑，必有近忧，应未雨绸缪。要实现经济社会的快速良性发展，对湖北省来说，节水和减排是唯一的路径。因此，必须从当前的按需分配转变到供水管理上来，从经济粗放发展方式转到适应水资源最严格管理的发展方式上来。实现节约用水，通过采取法律、行政、经济、技术和宣传教育等综合手段，应用必要的、现实可行的工程措施和非工程措施，依靠科技进步和体制机制创新，提高用水的科技水平和管理水平，减少用水过程中不必要的损失和浪费。

建立制度体系。鉴于国家出台节约用水法律、行政法规需要时日，湖北省可先行开展《湖北省节约用水条例》地方性法规立法调研，先行出台《湖北省节约用水管理办法》规章或省政府出台《关于加强节约用水管理工作的意见》规范性文件，对节约用水激励机制、水价机制、罚则等作出规定；对实行水资源有偿使用制度的超计划用水累进加价，同时，对通过节水技术改造大幅降低用水水平的，实行水资源费减征的奖励政策；出台《湖北省节水"三同时"管理办法》；修订用水定额，从源头上、制度上促进节约用水。

理顺管理体制。根据《水法》和各级政府印发的水利部门"三定"方案，节约用水是水行政主管部门的一项重要职责，各级水行政主管部门在节水工作中的主导地位不可替代。同时，节水工作又是一项系统工程，复杂而庞大，涉及社会方方面面、各行各业，牵动社会众多环节和相关行业，与我们每个人的生活习惯息息相关，需要政府统一组织推动、各部门分工负责、全社会支持配合。因此，必须做到"一龙管水、多龙治水"的节水管理体制，建立政府主导、水行政主管部门牵头、有关部门各负其责、全社会广泛参与的节水管理机制，建立政府领导任主任，水行政主管部门及有关部门主要负责人为成员的节水委员会，聚集各方力量，发挥各部门优势，形成推进节水工作的合力。

提高节水认识。据测算，少用 1 立方米水，可减少 0.7 立方米污水排放、少污染 28 立方米的清洁河（湖）水资源。按照最低 1∶40 的纳污标准，需约 28 立方米的清水来降解，就会少产生 28 亿立方米污水，少污染 1120 亿立方米清洁水；可节约污水处理费 16.8 亿元（处理 1 方污水按 0.6 元计算）。而建设一个 40 亿立方米的供水工程，则需投资 400 亿元（按 1∶10 计算）。可以说，节约用水，就是减少排污，既控制了用水总量，又减少了废污水排放；既节省了开源投入，又减少了治污费用，综合效益非常显著。在丰水地区，人们用水习惯了大手大脚，认为缺水地区才应该节水，丰水地区没有必要节水。湖北省水资源相对丰富，单纯讲节约用水，受众难以接受，要讲清节水就是防污的道理，使公众充分认识节约用水就是保护环境的重大意义，提高全社会节水意识，营造"节水光荣、浪费可耻"的良好风尚。

加大资金投入。一是加大公共财政投入。各级政府要加大节水投入，保证节水公共财政投入稳定增长，各级财政预算内的基建投资和支农资金的增量，要向节水工程建设、水生态修复、推广节水器具、节水宣传等方面倾斜，积极争取水资源综合管理、节水型社会建设和水资源保护三大财政专项经费投入，保证节水日常管理、监测、应急处置等所需经费。二是严格依法使用水资源费。认真执行《取水许可和水资源费征收管理条例》（国务院令第 460 号）和水利部、省政府有关规定，水资源费应主要用于水资源节约、保护和管理，其比例不低于 60%。三是将奖励制度落到实处。水法及一系列法规规章明确规定对节约用水的单位及个人进行奖励，要切实履行法律责任，依法奖励；四是引进社会资本投入节水。鼓励企业自筹资金进行节水设施技术改造，开展"节水型企业"创建活动，提高用水效率。引导农民投资投劳，对"节水型农业""节水型灌区"通过"一事一议"方式筹集资金和劳务。

四、结　　语

节约用水，是全面推进最严格水资源管理制度最根本、最有效的举措，有利于加强水资源统一管理，提高水资源利用效率和效益；有利于保护水生态与水环境，保障供水安全，提高人民群众的生活质量；有利于从制度上为解决水资源短缺问题建立公平有效的分配协调机制，促进水资源可持续利用。因此，必须建立节水长效机制，常抓不懈。

水库移民后期扶持政策跟踪评估

　　水库移民是水利工程建设的副产品，解决水库移民的生产生活困难，不仅关系到水利工程建设和运转的顺利进行，而且深刻影响社会的稳定和区域的发展。为此，国家制定多项政策对全国大中型水库移民实行统一的后期扶持，由第三方对相关政策的实施情况进行监测评估，以保证政策落实。"湖北省大中型水库移民后扶政策监测评估中心"每年开展水库移民后期扶持政策跟踪评估，发布监测评估报告，以客观翔实的第三方调查与评估，为解决移民过程中易发的矛盾和冲突，改进和完善湖北移民后扶政策，提高移民地区的和谐稳定提供支撑。

湖北省大中型水库移民后期扶持政策评估报告[*]

湖北经济学院移民工程咨询中心

2014 年,湖北经济学院移民工程咨询中心对湖北省 2013 年度大中型水库移民后期扶持政策实施情况进行了监测评估。这是湖北经济学院移民工程咨询中心自 2009 年以来连续第六年对该项目进行监测评估。

一、监测评估工作开展情况

本次监测评估采取抽样调查方式,实地调查了湖北省 68 个重点监测县、200 个定点监测村、4000 户样本户和 323 个重点监测项目。本次监测覆盖湖北省大中型水库移民人口 202.83 万人,占该省大中型水库后期扶持移民总人口 95.5%。

为保证监测评估的连续性,本年度监测评估时限包含两部分:一是 2013 年度计划的实施情况,二是自 2006 年至 2013 年度计划的累计实施情况。其中,县域经济社会基本情况、样本村基本经济社会情况、人口核定和动态管理情况监测评估截止时限为 2013 年 12 月 31 日,资金使用情况(含直补资金发放)和项目实施情况监测评估截止时限为 2014 年 8 月 31 日。

二、2013 年度后期扶持政策执行情况

(一) 后期扶持人口核定和扶持方式

2013 年,湖北省核定新增后期扶持人口 75051 人,涉及境内 3 座大中型水库,其中核定房县范家垭水电站移民 410 人、竹溪白沙河水电站移民 1141 人、南水北调内安移民

* 本报告是《湖北省大中型水库移民后期扶持政策实施情况监测评估报告(2014)》的简写。由湖北经济学院移民工程监测评估中心、湖北省大中型水库移民后期扶持政策监测评估中心组织完成。项目总负责人:吕忠梅(全国政协社会和法制委员会驻会副主任);本次监测评估工作得到了湖北省移民局、湖北省财政厅、湖北省发改委和湖北经济学院领导的高度重视和大力支持,全省各地移民、财政等相关部门和移民群众给予了积极配合和帮助。在本报告写作过程中,得到了彭承波、郑志康、王庆、雷宏伟、张华、周运祥、张圣书、王茂福、宋金木、郝俊涛等领导和专家的亲临指导,得到了长江工程监理咨询有限公司的技术协作。在此,谨致感谢!

73500 人。

截至 2013 年年底，湖北省有大中型水库移民 212.3351 万人，其中中央核定湖北省后期扶持人口 194.0214 万人。湖北省核定各县（市、区）后期扶持人口 212.3351 万人中，原迁人口 101.5800 万人，增长人口 110.7551 万人。

2013 年，湖北省继续执行《湖北省人民政府关于印发湖北省大中型水库移民后期扶持政策实施方案的通知》（鄂政发〔2006〕53 号）文件规定的后期扶持方式，原迁移民按照每人每年 600 元的标准直补到人，增长人口按每人每年 500 元标准实行项目扶持到村。

在后期扶持期间，湖北省对各县（市、区）移民原迁人口的自然变化实行"增人不增，减人要减"政策，移民原迁人口动态核减工作由县（市、区）组织实施，核减人口指标资金由县级统筹。据监测，68 个重点监测县 2013 年核减原迁人口 12593 人；2006—2013 年累计核减原迁人口 54753 人。各县统筹的核减人口指标主要有 3 种处理办法：一是用于补登初次核定时漏登人口，如老河口、襄州区、郧西县等；二是转为项目扶持，解决移民村基础设施薄弱问题；三是用于解决县内其他信访稳定问题；还有的挂在财政账上。大部分县（市、区）采用第二种方式处理核减人口指标结余资金。

（二）直补资金发放情况

2013 年，湖北省原迁移民直补资金发放严格执行鄂政发〔2006〕53 号文件规定，采取一卡（本）通的形式实行社会化发放，直接发放到个人。在发放频次上，有 48 个县（市、区）一年发放两次，有 12 个县（市、区）一年发放一次，如十堰市竹溪县，宜昌市西陵区、夷陵区、秭归县，襄阳市樊城区、襄州区、南漳县、宜城县、老河口市，荆州市公安县、荆州开发区，神农架林区等。在发放时间上，2013 年度直补资金都能在 2014 年春节前发放到移民手中。但在及时性上普遍存在延迟现象。据监测，68 个重点县 2013 年度第一次发放平均延迟 68 天，最长延迟时间为宜城市的 196 天；第二次发放平均延迟 73 天。

2013 年省财政下拨直补资金 56444 万元，各县（市、区）实际发放直补资金 50997.515 万元，占下拨计划资金的 90.35%。未发放资金主要为原迁移民核减人口结余资金及少量外出打工暂未联系上的直补人口资金。

2006 年至 2013 年，湖北省累计下拨各县（市、区）原迁移民直补资金 388223.02 万元。

（三）增长人口项目实施情况

湖北省已经连续 8 年对移民增长人口实行项目扶持。2013 年，该省下拨各县（市、区）增长人口项目资金 55376 万元，截至 2014 年 8 月底，使用资金 33979.38 万元，占年度计划资金的 61.36%；批复增长人口项目计划 7659 个，已竣工 6098 个，其中已验收 4581 个，在建 1321 个，未开工 240 个，竣工项目占年度计划的 80%。增长人口项目以村为单位，以农田水利设施建设、基础设施建设为主，有超过 200 万人的移民和群众从中受益。

据监测，截至 2014 年 8 月底，在 68 个监测县中，有 22 个县（市、区）已全部完成了增长人口项目资金计划；有 11 个县（市、区）项目资金尚未拨付使用，具体有武汉市黄陂区，十堰市郧县、武当山特区,襄阳市襄城区、老河口市、宜城市,宜昌市点军区,荆州市荆州开发区,随州市广水县,天门市和神农架林区等。

本次监测抽查了 233 个增长人口项目档案,其中,立项有移民表决的 212 个,占 91％;进行了项目前期公示的 204 个,占 88％;有实施方案的 188 个,占 81％;实施项目合同管理的 214 个,占 91.85％;实施项目施工监理的 91 个,占 39％;组织验收的 203 个,占 87％。233 个档案中有 159 个资料完备,占 68％。

2006—2013 年,湖北省累计拨付各县(市、区)增长人口项目资金 420135.60 万元,计划实施增长人口项目 63499 个。当年如期完工验收的增长人口项目约为 85％,其余未能完成部分,基本都能顺延在次年完成。

(四)两区项目实施情况

2013 年,湖北省下拨两区规划资金 78826.97 万元,其中两区项目 41451.97 万元、移民危房改造 20695 万元、移民美丽家园示范村 10420 万元,省政府确定的重大问题及处理遗留问题资金 6260 万元(此项资金未纳入监测评估范围)。

由于 2013 年度该省两区项目计划与资金到 2014 年 7 月才下达到县(市、区),至 2014 年 9 月启动监测评估,时间仅 1 个多月,因此,全省各地两区项目资金基本处于未动状态。截至 2014 年 8 月底,各县(市、区)使用资金 3151.25 万元,占年度计划的 4.34％。

2008—2013 年,湖北省累计投入两区规划项目资金 27.39 亿元,下达两区规划项目 8481 个。

据监测,湖北省各县(市、区)对两区项目实施过程管理,与后期扶持人口项目管理模式大体相同,较好地落实了项目法人责任制、合同制、项目竣工验收等制度,项目管理相对规范。

(五)资金使用管理情况

(1)资金来源。2013 年度,湖北省到位各类移民后期扶持资金 208666.97 万元,其中,国家下拨 183812.97 万元,本省征收 20166 万元(省级征收库区基金 15367 万元、小型水库扶助资金 4799 万元),省级财政资金 4688 万元(粮食补贴 3688 万元、工作经费 1000 万元)。

湖北省水库移民后期扶持资金主要来源于四个方面,一是后期扶持基金;二是库区基金;三是中央后期扶持结余资金;四是其他相关资金,包括小型水库移民扶助基金、粮食补贴、应急资金、培训经费、专项工作经费等。按照国家后期扶持的有关精神,主要用于农村移民后期扶持、库区和移民安置区基础设施建设和经济发展、小型水库移民扶助等方面。

(2)资金使用。湖北省 2013 年度下拨各县(市、区)各类后期扶持资金 208252.97 万元,其中,后期扶持资金 111820 万元(原迁人口直补资金 56444 万元、新增人口项目资金 55376 万元);两区规划资金 78826.97 万元(库区和移民安置区项目资金 41452 万元、危房改造资金 20695 万元、省级移民美丽家园建设 10420 万元、省政府确定重大项目及解决遗留问题资金 6260 万元);培训资金 4179 万元;其他资金 13427 万元(应急资金 1200 万元、中央财政专项补助 2740 万元、小水库扶助资金 4799 万元、省级财政资金 4688 万元)。

截至 2014 年 8 月,湖北省各县(市、区)已使用后期扶持资金 94185.87 万元(不含粮食补贴,专项工作补助和工作经费),占资金计划的 48.41%。其中,已使用移民原迁人口直补资金 50997.515 万元,占计划的 90.35%;使用新增人口项目资金 33979.38 万元,占计划的 61.36%;使用两区资金 3151.25 万元,占计划的 4.34%;使用培训资金 2042 万元,占计划的 48.86%;使用小水库扶助资金 3375.72 万元,占计划的 70.34%;使用应急项目资金 640 万元,占计划的 53.33%。

(3) 资金监管。湖北省移民局根据财政部和省财政厅对后期扶持资金管理的有关规定,要求各地移民管理部门严格落实"专账专户""县级报账""资金直达"等制度,通过审计、稽查以及监测评估等方式,加强了对资金运行的监督检查,保障了资金运行的安全,增强了资金运用的效率。据监测,该省大部分县(市、区)移民后期扶持资金的拨付、使用和管理情况总体良好,资金运作较为安全。但是仍然存在省级两区资金拨付不及时、县级报账制执行不到位、票据管理不规范等问题。

(4) 累计资金投入。2006—2013 年,湖北省累计投入各类移民后期扶持资金共计 121.15 亿元,其中国家下拨 108.24 亿元,本省征收和自筹 12.91 亿元。

三、本次监测评估基本结论

(一) 总体评价

2013 年度,湖北省继续认真贯彻执行国务院关于大中型水库移民后期扶持政策实施的决策部署,不断总结和完善大中型水库移民后期扶持政策实施管理体制与机制,切实加强管理能力建设,注重后期扶持项目管理和资金管理措施的贯彻落实,总体保障了后期扶持项目的有序实施和资金安全,移民后期扶持工作成效显著。同时,针对移民存在的突出困难和问题,湖北省不断创新移民后期扶持方式和方法,有效促进了"五难问题"的进一步解决,移民突出困难有所缓解,生计能力得到增强,库区和移民安置区社会总体稳定。

1. 南水北调中线工程丹江口库区内安移民等新建水库移民后期扶持人口核定登记工作全部完成并纳入后期扶持范围。

据监测,南水北调中线工程丹江口库区、范家垭、白沙河等新建水库移民后期扶持人口核定工作已全部结束。截至 2014 年 8 月底,郧西、房县等县第一批直补资金已发放到移民个人账户,丹江口、郧县、武当山、竹溪等县正抓紧人口动态核减工作进度,保障 2014 年年底将 2012—2013 年度直补资金全部发放到位。

丹江口、郧县等内安县坚持高起点规划、高标准建设,全方位打造移民安居工程。现场监测发现,丹江口市均县镇、郧县柳陂镇卧龙岗等一批南水北调移民安置点基础设施和公共设施配套完善、环境优美、生活便利,移民群众对居住环境满意度较高。同时,各县坚持把移民迁建与新农村建设、扶贫开发、旅游开发等相结合,将移民安置区打造成宜居宜业开发区,通过两区项目扶持、整合其他行业资金等合力促进安置区产业发展转型,促进农家乐、乡村旅游、蔬菜基地等生态产业发展,如郧县卧龙岗、挖断岗移民安置区蔬菜产业基地建设成效显著;通过加强移民农业实用技能、二三产业职业技能和创业培训,提升移民自我发展能力;通过对自主创业移民减免工商税费、对移民发展种养殖业按大棚数量、种植面积、养殖数量给予补贴等多种形式,全方位扶持移民恢复生产、安稳致富。

2. 创新扶持思路、整合行业资金,因地制宜开展移民美丽家园建设、危房改造和十件实事等专项工作。

2013 年度,湖北省投入后期扶持资金 10420 万元用于 64 个移民村美丽家园建设,投入 20695 万元加大移民危房改造力度,改造 12167 户移民危旧住房,投入移民培训专项资金 4000 万元,完成了二三产业技能培训及转移就业 1 万人、生态农业技能培训 4 万人的计划目标。全面完成了省政府交办的丹江口库区郧县柳坡镇产业发展转型示范、红安县大中型水库农村移民危房改造示范、秭归县茅坪小区移民扶贫解困示范、潜江市外迁移民新村社会治理创新示范、竹溪县水库移民职业技能培训(茶叶项目)示范、通山县燕厦乡新屋村美丽家园建设示范、钟祥市柴湖镇四新村高效生态农业示范、清江流域水库移民帮扶解困试点、夷陵区许家冲村美丽家园建设示范、蕲春县青石镇生态移民示范等十件实事。

在完成移民后期扶持年度计划任务的同时,各县(市、区)积极探索、创新扶持思路,结合新农村建设,整合移民、扶贫、交通等多个部门资金,使移民受益最大化。有的县(市、区)移民危房改造项目在尊重移民意愿的基础上,引导移民以集中建设为主、就地分散还建为辅,依托当地旅游开发整体规划,不仅为危房改造户创造了更好的居住、就业环境,而且促进了移民户就业,推动了库区经济发展。有的县(市、区)移民美丽家园项目采取政府统一规划设计,集中移民、住建、交通等部门资金,引进规模化公司采取市场化运作手段,致力于改善移民居住环境,满足移民群众精神文化需求,建成了一批美丽家园移民示范村,如罗田县徐凤冲村、黄梅县白羊社区、英山县鸡鸣河村、通山县燕厦乡新屋村、漳河新区漳河镇同乐村等。以省移民局领导班子成员为责任人,着力抓好移民同步小康建设 10 件重点、难点和焦点问题,经过一年的着力探索,各项工作成效显著。

3. 后期扶持资金重点向老、少、边、穷地区倾斜,全面推进避险搬迁、四大连片特困扶持、大柴湖移民新区建设等工作,逐项解决移民遗留问题。

2013 年,湖北省加大对老、少、边、穷地区后期扶持资金倾斜力度,设立专项资金重点解决制约移民发展的突出困难。通过申请中央扶持、地方政府统筹、整合资源等方式,重点解决钟祥、通山等 9 县(市、区)土地少、收入低、水上漂、房子破、住地险的移民避险搬迁试点工作,已完成规划设计,按计划正在抓紧实施。投入 2083 万元解决秦巴山片区、武陵山片区、大别山片区等偏远库区县交通不便、危旧住房等问题,投入库区基金和后期扶持结余资金 3802 万元振兴大柴湖发展。通过这些扶持措施,有效缓解了老、少、边、穷地区移民的突出困难,逐项解决制约库区经济社会发展的"短板"问题,促进这些地区移民与全国人民同步奔小康。

4. 县（市、区）探索引进设计、造价、监理、审计等专业机构进一步规范项目与资金管理，防范后期扶持资金跑冒滴漏。

2013 年以来，湖北省部分县（市、区）针对"十一五""十二五"规划实施过程中项目与资金管理方面出现的问题，制定了新的管理制度，进一步规范项目管理，保障资金安全。如十堰市制定了《关于进一步规范县级报账制的通知》（十财企发〔2014〕213 号），要求各县严格执行县级报账制，郧西、武当山、竹山、房县 4 县从 2014 年开始全部执行县级报账制，丹江口、郧县、郧西 3 县探索实现了项目监理、工程造价、结算审计全覆盖。英山县后期扶持项目的前期设计、实施过程监理均由具备资质的单位承担，且所有项目实行了监理全覆盖。广水县 10 万元及以上的项目实行了监理全覆盖，所有项目均委托广水市审计局进行工程结算审计，促进了后期扶持项目的规范化运作。

5. 省移民局加大稽察、审计力度，确保后期扶持资金安全。

2013 年 11 月，湖北省开展了针对枣阳、恩施 2006—2012 年度后期扶持专项资金稽察工作；2014 年 4 月，开展了对宜昌、十堰等市（州）59 个县（市、区）2006—2013 年度后期扶持专项资金审计工作；2014 年 12 月开展了对广水、大悟等 10 个（市、区）2006—2013 年度后期扶持专项资金稽察工作。此外，荆门市等地审计部门开展了对移民资金的专项审计。据监测，各县（市、区）对稽察、审计指出的问题高度重视，已制订并落实专项整改措施，确保资金安全。

（二）问题与建议

1. 进一步完善后期扶持政策，加强规则职能。

据监测，湖北省后期扶持政策实施中在资金项目管理方面存在一些不够规范的问题：一是 68 个监测县（市、区）中，有 35 个县（市、区）未执行县级报账制和国库集中支付；二是有 43 个县（市、区）未做到后期扶持资金专户管理；三是直补资金普遍未能按规定在到达县财政 7 日内拨付到个人账户；四是有的地方项目工程款支付和报账发票存在着不合规等现象；五是整合资金项目相关主管部门各负其责，存在监管漏洞等。这些问题，有的属于工作中存在的问题，有的属于相关政策文件需要根据实践发展进一步完善和补充的问题。

现行政策在实际执行中主要存在三个方面问题：

一是有些规定不切实际。如 118 号、108 号文要求后期扶持资金专户管理，这在县级财政部门根本做不到。现在国家对开设财政专户管控很严，不允许一个部门开设过多户头，而且，有些县移民资金规模很小，单独开设户头也是浪费会计资源。再则，财政部 202 号文也只是规定后期扶持资金实行专人专账管理，并没有要求专户管理。

二是有些规定不很科学，如后期扶持项目资金实行县级报账制。后期扶持项目是以村组为法人单位，是实施主体，在县里报账，在法理上讲不通，同时，后期扶持项目小而散，每个项目每个村都到县里报账，财政部门力量明显不足；再则，报账管理与项目管理脱节，存在着假工程真报账的漏洞。特别是目前地方都是整合资金做项目，"拼盘资金"项目在县级报账机制下也容易产生漏洞和隐患。

三是补充完善以及解释清晰的问题,如库区基金使用管理办法、两区建设管理办法以及各类专项资金使用管理规定等至今没有出台,影响到这类项目的立项、计划和实施管理。

建议省移民局、财政厅、发改委等相关部门组织一次专题调研,对相关政策法规进行一次梳理,该修改的修改,该补充的补充,该统一的统一,该下放的下放地方,切实发挥规则职能。

2. 强化政策执行监管和督促职能,严格落实政策各项规定。

后期扶持政策实施八年多了,总体上政策兑现,移民稳定,后期扶持效果较好,移民满意度较高。但在资金管理、项目管理、干部安全方面,始终还存在一些问题。老问题、老地方现象较为突出,一些问题年年提,一些地方年年出问题,应引起高度重视。建议积极强化政策执行监管和督促职能,加大检查、审计和监测评估工作力度,建立政策执行年度通报机制;构建政策执行效能与财政资金挂钩的分配机制;进一步加强各级移民管理干部政策业务知识的培训力度,促进后期扶持政策的实施更加完善。

3. 加强项目进度管理,对久拖未实施的项目予以清结。

近年来,由于各种原因,一些地方申报批复的项目,存在着长时间不执行、不完工的问题,特别是两区项目、资金大量滞留账面,有的地方甚至2011年、2012年的项目至本次监测评估时都还未施工。这种现象,既影响了后期扶持效果,又带来项目管理的隐患,更影响到资金安全。建议建立项目、资金执行统计公报制,加大统计监督功能,对长时间未实施的项目予以清结。如2年内不执行、不实施的项目,建议予以取消项目计划,收回资金。

4. 分类管理和使用资金,建设一批撬动引领"两区"经济发展的示范项目、典型项目。

湖北省是移民大省,每年各类后期扶持基金有22个亿以上,怎么用、怎么干出几件事、做出经验、做出亮点来,这是后十年应该思考的一个迫切问题。建议分类分级使用和管理资金,后期扶持资金下到底,直接进村,后期扶持方式由各县结合实际情况确定;中央结余资金、应急资金等由县统筹,集中办大项目;库区基金由省统筹,配合结余资金起撬动和引领作用。后期扶持资金直接进村,怎么用、做什么由村民委员会决定,县监管、省相关部门考核效果。这样做既符合政策宗旨,又确保了移民村组利益。两区资金、库区基金高度集中,以县为单位,围绕两区,着眼经济发展和社会发展两个方面办大项目,办一批撬动和引领项目,其中库区基金由省统筹,起支撑、引导作用,一个县一年搞一两个,踏踏实实搞几年,树一批起示范带动作用的项目出来。

5. 坚持精准扶持思路,进一步提高后期扶持工作的精准性和实效性。

2014年12月召开的中央经济合作会议指出:扶贫工作事关全局,全党必须高度重视。要更多面向特定人口、具体人口,实现精准脱贫,防止平均数掩盖大多数。水库移民是农村贫困人口中的一个特殊群体,目前湖北省还有37万水库移民人口处于贫困线以下,其中有不少处于深度贫困之中,这无疑是全面实现小康的短板,面向湖北水库移民的脱贫致富问题,需要引起政府高度重视。建议移民后期扶持工作坚持精准扶持思路,在广泛摸排调查基础上,锁定贫困移民群体和制约因素,走精准扶贫之路。针对不同区域、不同群体、不同制约问题,精准帮扶、梯次推进、各个击破,提高帮扶的精准性和实效性。

6. 进一步完善生产开发项目的移民受益保障机制,确保移民受益。

据监测,2013年度后期扶持计划资金中,生产开发类资金占11.37%,但监测结果表明,部分生产开发项目效益不佳,且尚未建立明确的移民受益保障机制。如郧县抽查7个生产开发项目,其中有3个项目目前已撂荒;郧县城关镇马场关蔬菜基地和核桃基地采取集中流转给大户经营模式,移民资金补助购买农药、苗木、化肥等生产物资,第一年栽种后后期不再管理,经村干部反映,流转大户计划在土地上建厂,移民只获得土地流转费,未真正受益;嘉鱼县2013年度申报的新建鱼池项目,大多移民不知情,也未受益,移民意见较大。

建议对生产开发项目在立项时应充分尊重移民意愿,将保障移民受益机制作为决策重点,生产开发类资金投向宜鼓励技术成熟、能带动移民增收、风险较小的产业发展项目,依托农业合作社、农业开发企业等组织,为移民群众提供技术指导、经营管理和销售方面服务。

7. 适时开展"十二五"规划阶段性总结工作,指导县(市、区)编制"十三五"规划。

据监测,在"十二五"规划实施过程中,后期扶持项目以计划作为立项批复的依据,相当一部分项目实施与规划脱节,且在实施过程中存在资金管理、项目管理不规范等诸多问题,需要在编制"十三五"规划之前予以认真研究和总结。

建议省移民局部署适时开展"十二五"规划实施的阶段性总结工作,专题研究项目管理、资金管理等方面出现的突出问题,提出针对性解决方案和措施,为下一步编制"十三五"规划及规划实施提供技术指导。

水库移民矛盾及化解机制研究

——以湖北省为例

陈蓓蓓 彭代武 张 舒*

一段时间以来,随着以三峡工程、南水北调中线工程为代表的国家水利水电重点工程建设的不断推进,以及各类地方水利水电工程的连续上马,湖北省水库移民社会矛盾集中凸显,呈现多发、高发态势。湖北省是水库移民大省,有各种类型水库6000多座,其中大中型水库368座。截至2012年,湖北省核定大中型水库农村移民现状人数204.8万人,加上小水库移民约100万人,全省水库移民人数超过300万人,占全省常住人口和农业人口的5%和11%强。移民矛盾波及面广,一旦处理不慎,极易演化为群体性事件,成为社会稳定隐患。

本文选择湖北省长阳县、襄州区等30个主要的移民集中安置县(市、区)(详细名单见文后)为研究对象,以地方移民管理机构登记的移民信访量和信访记录作为移民矛盾的主要表现形式,对2010—2012年三年移民信访数量和信访内容进行了汇总,分析了移民矛盾的特点和类型,并提出了相应的政策建议。[①]

一、移民矛盾的特点

湖北省自2010年开始南水北调中线工程移民,2012年完成搬迁任务,在这一时期,湖北省同时新建了龙背湾、潘口等十余座地方大中型水库。2010—2012年,是湖北省移民搬迁安置任务繁重的三年。统计数据显示,2010年,上述30个县市区移民信访发生率为3.7‰,2011年,30个县(市、区)移民信访发生率为5.2‰,2012年,30个县(市、区)信

---

* 作者简介:陈蓓蓓,女,38岁,湖北经济学院水库移民工程咨询中心研究人员,博士,研究方向:水库移民后扶监测评估;彭代武,男,52岁,湖北经济学院工商管理学院教授,研究方向:管理学及移民管理;张舒,男,39岁,湖北省移民局信访处主任科员。

① 本文研究的30个湖北省比较主要的移民集中安置县(市、区)分别为武汉市汉南区、江夏区;黄石市大冶市;十堰市郧县、郧西县、竹山县、竹溪县、房县、丹江口市;宜昌市长阳县;襄阳市襄州区、老河口市、宜城市;荆门市钟祥市;孝感市孝昌县、大悟县;荆州市荆州区、公安县;黄冈市红安县、罗田县、麻城市;咸宁市嘉鱼县、通山县、崇阳县、赤壁市、恩施自治州恩施市、巴东县;天门市、潜江市、仙桃市。

访发生率为 7.8‰，连续三年，移民矛盾总体呈增长趋势。这 30 个县市区中，有 19 个县市区移民矛盾连续呈现上升，主要是南水北调移民安置区、三峡移民外迁安置区以及其他新建水库库区和安置区，如十堰市的竹山县、丹江口市、襄阳市的襄州区、老河口市、荆州区的公安县、潜江市、天门市等；有 11 个县市区移民矛盾陆续下降，主要是老水库移民安置区，如咸宁市的嘉鱼县、通城县、通山县，黄冈市的麻城市、红安县，黄石市的大冶市等。统计数据反映出湖北省移民矛盾主要有以下特点：

（一）新的水利水电工程建设容易引起移民矛盾集中爆发

水利水电工程建设造成的移民搬迁多属于非自愿搬迁，再加上搬迁补偿中可能存在的地方干部暗箱操作、与民争利等行为，容易诱发移民抵触情绪。这时，移民往往会以上访等方式作为解决问题的途径。比较典型的是湖北省竹山县、丹江口市等新增的库区和安置区，移民上访次数常较上年度有显著增多。竹山县 2011 年开始搬迁龙背湾水电站移民后，移民上访增加了 7 倍。作为南水北调源头的丹江口市，由于要外迁 4 万移民，从 2009 年到 2011 年都是移民上访高峰期。此外，新出台的移民政策和新的补偿措施如果只涵盖部分特定对象时，被排除在外的移民容易产生强烈不满。2006 年大中型水库移民后扶政策在湖北开始实施之初，反而出现许多移民上访事件，其中很大一部分就是小水库移民、废弃水库移民、非农移民等连带影响群体，由于被排除在扶助对象之外而上访。

（二）移民矛盾发生率随着移民时间的增加逐步衰减

搬迁安置初期是上访高发期。对被移民安置的不情愿、对安置政策的不满、安置过程中出现的偏差，都可能促使移民上访。搬迁安置结束后，随着时间的推移，存在的矛盾问题逐步得到化解，大部分移民慢慢融入安置地，生活重心转移到后续生产中，于是信访量逐步下降，随后稳定在一个正常范围内。2009—2011 年监测数据显示，大部分库区和移民安置区，尤其是老库区和安置区，如咸宁的通山、赤壁，孝感的孝昌、大悟，武汉的汉南等地，上访人次逐年下降。恩施市 2009 年、2010 年两年因为新水库搬迁，上访人数较多，从 2012 年开始，上访人次逐步减少。

但是，也有特殊情况存在。有极少数移民，从安置之初就开始上访，一直持续多年。这部分移民主要是 20 世纪五六十年代的水库移民，由于当时补偿标准低，出现诸如住房难、饮水难、用电难、上学难、就医难等许多遗留问题，至今未完全解决，为此，移民上访不断。此期产生的移民遗留问题，直到如今仍是移民工作的一项重要内容。

（三）部分矛盾涉及政策间张力，难以在短期内化解

从信访记录看，绝大部分矛盾属于短暂性矛盾，在耐心细致的工作下可以化解，少数矛盾涉及政策间张力或其他因素，难以在短期内化解。例如，由于"文化大革命"时期水库移民搬迁实行一刀切，丹江口一期移民中，有一批人当时从城镇淹没区迁入农村，城市户口和商品粮随之改为农业户口和农业粮，不能继续享受城市户口的福利，生活较艰苦。

20 世纪八九十年代,在这批移民的上访要求下,他们的户口改回了城市户口。而这个时期,城市户口中隐含的商品粮供应、优先招工等福利已经基本消失。更令他们难以接受的是,2006 年出台的后扶政策中,后扶对象不包括城市户口的移民,这批移民便不能享受每人每年 600 元的后扶补助。他们认为自己多年来都处于各类政策福利边缘,又开始不断上访。

二、移民矛盾的主要类别及其表现

根据湖北省 30 个县、市区移民局 2010—2012 年 3 年的信访记录,移民矛盾主要可以归纳为自然矛盾、社会矛盾和心理矛盾三种类型。其中,最主要的矛盾来自于社会矛盾,约占 60%,心理矛盾约占 35%,自然矛盾约占 15%。

(一) 社会矛盾

社会矛盾是指社会运行机制各要素不配套导致的矛盾,包括移民安置前,制度设计、执行、监管不完善导致的移民群体矛盾,如社会政策和移民政策不配套、移民政策不完善造成的移民上访[1];移民安置过程中,社会结构调整、利益格局变动引发的移民冲突,如补偿、分配机制不合理、有关单位政策执行不规范引发的移干群关系紧张甚至群体性事件;移民安置结束后,生产方式各要素发展不同步产生的社会矛盾,如生产生活方式转变而带来的移民群体与迁入地文化之间的不融洽现象,以及移民项目本身带来的矛盾隐患等。

水库移民社会矛盾主要表现为:

(1) 安置补偿政策不合理引发的矛盾。长期以来,水库移民管理体制不顺畅,政策法规体系不完善,兼之政出多门,不同时期、不同库区、同一库区不同行政区域之间的政策皆不相同,损害了部分移民的利益,导致矛盾产生。例如,按照《水利水电工程建设农村移民规划安置设计规范》,南水北调中线工程丹江口库区淹没线上林地不纳入补偿范围。移民早期在淹没线上投入的林地开发成本既无法继续受益,也没有任何补偿。移民普遍认为这种做法不公平、不合理,要求补偿的呼声非常强烈。这类矛盾涉及面广、影响较大,已经成为湖北省外迁移民重大遗留问题。移民利益同样受损却得不到同等赔偿对待,也容易引发矛盾。后期扶持政策规定,淹地又淹房的移民享受扶持,而淹地不淹房的移民则不享受扶持;农业移民享受扶持,农转非移民则在扶持范围之外等相关规定激起了移民的不满和信访。

(2) 安置补偿政策标准不均衡引发的矛盾。一是安置补偿政策制定不均衡,同一类型工程项目,归口管理不同,其补偿政策就不一样,从而导致移民产生严重的社会剥夺感。如,范家垭水电站坝址位于房县,淹没涉及房县和神农架林区两地。2009 年 8 月,房县按期启动移民搬迁安置工作,移民补偿基本按照移民安置规划确定的标准和范围进

---

① 黎爱华、张鹤、张春艳:《水利水电工程移民稳定问题对策研究》,载《人民长江》2010 年第 23 期。

行。神农架林区却因移民认为补偿标准低，没有达成协议。在湖北省委省政府和省移民局的督办下，神农架林区 2012 年 3 月启动移民搬迁安置工作。为在短期内完成搬迁安置任务，神农架林区政府财政出资实行移民搬迁补贴和奖励政策，造成当地移民实际补偿资金比房县移民高出 10 万元以上，以致房县移民多次集体上访，强烈要求房县政府执行神农架林区的补偿政策。二是政策执行不均衡，同一个政策在各地落实方式不一样。例如，对于国家移民后期扶持政策，湖北省将移民分为原迁移民和新增移民两类，按照原迁移民每人每年 600 元现金扶持到人，新增移民每人每年 500 元项目扶持到村。但是全国大多数地方，包括湖北省周边的湖南、江西等省份，都是按一个标准，即每人每年 600元发放现金的方式进行扶持。在后扶政策实施之初，这种差异引发了湖北省大量移民信访。

（3）社会政策和移民政策不配套加剧了移民矛盾。新中国成立之初，由于对水库移民搬迁的认识比较粗浅、简单，重工程轻移民，不仅缺乏配套的社会政策对移民后续生产发展提供保障，甚至还剥夺了部分移民曾经享有的福利，再加上社会城乡二元体制和其他各种时代性政策等历史原因造成的问题与移民问题相互纠缠，更加剧了移民矛盾。当下我国的移民政策虽然有很大进步，充分考虑到了前期补偿到后期安置环节，但是就政策体系而言，还比较孤立，没有与其他社会政策形成衔接与合力，容易造成移民过渡期的不顺畅。

（4）相关政府部门工作不到位激化了移民矛盾。有一批南水北调工程移民被外迁安置到潜江之后，一直不稳定，不断上访要求重新安置。后来经过了解才知道，原来这批移民是回民，而在潜江的安置地附近有个养猪场和屠宰场，他们不能接受。当初搬迁时政府工作不细致，没有考虑到回民的风俗和禁忌。后来将他们搬迁到襄阳市襄州区之后，这批移民便稳定了下来。

（二）自然矛盾

自然矛盾是指移民群体受到外部自然环境或内在个体条件的限制而面临的矛盾风险，既包括自然环境对移民群体发展的制约，也包括移民群体受自身能力和素质的限制无法实现对自然环境和资源的充分利用而产生的矛盾风险。如，土地容纳率有限造成的自然安置容量有限；区域性自然环境恶劣带来的生产率低下，以及移民自身的脆弱性（身体素质低下、劳动技能缺乏、知识储备不足等）造成的贫困和返贫等矛盾。

自然矛盾主要表现为：

（1）自然条件有限引发的矛盾。水库和电站侵占了以前的耕地，造成耕地面积减少，土地容纳率降低。一些后靠安置的移民生活资料的质量和数量大幅下降，收入低下，因而强烈要求解决生产资料困难问题，或要求搬迁到更适宜居住的地方。长阳县隔河岩电站建成后，库区肥沃的河滩地大部分被淹没，可供开发的土地后备资源极其有限。1996年 11 月、1998 年 8 月隔河岩水库两次超水位蓄水先后又淹没毁损农田 3062 亩和 8500亩，进一步加剧了隔河岩库区人、地矛盾。在部分库区和安置区，水库和电站的建设还对居住和交通环境造成压力。许多后靠安置移民的住宅只能顺山而上，在陡峭的山壁上挖出一块基地建房。甚至只能居住在滑坡体地带,存在严重的安全隐患。有的库区移民村和移民安置点交通极为不便,至今仍未通路,完全依赖坐船出行。移民居住分散,交通不便利,上学难、看病难等问题接踵而至。在赤壁市梓家山村,由于乘坐简陋的乌篷船到外面需要半个多小时,十分不安全,且时点无准头,当地女性怀孕后根本不敢在本地居住,宁肯从有限的收入中拿出大部分现钱在外租房居住。地方水库的老移民上访记录中,就有一些是要求政府解决行路难、上学难、就医难的问题,或者希望政府协助解决集中外迁安置的问题等。

(2) 移民自身文化素质低、增收致富困难引发的矛盾。2013 年,湖北省统计局、湖北省移民局联合发起的"湖北省农村移民生产生活状况调查"数据表明,湖北农村移民文化程度普遍偏低,初中及小学文化程度的移民占 55.8%,高中以上文化程度为 17.5%,低于湖北省平均受教育水平。[①] 2012 年,湖北省全省移民贫困人口(人均收入低于 2300 元)有 42 万人,约占全部移民总数的 20.6%。[②] 咸宁市通山县 2012 年库区移民人均纯收仅有 1980 元,比全县农民人均收入低 2918 元。按照 2300 元的扶贫标准,移民贫困人口6.4 万人,占全县移民总人口的 66.4%。[③] 移民分布相对集中在库区、贫困山区和革命老区,脱贫致富不容乐观。

(三) 心理矛盾

心理矛盾是指由于移民认知、判断出现偏差而造成的矛盾。例如移民补偿标准低与过高的期望值造成的落差感;无形中觉得过去的生活更好的偏见心理;有移民认为"闹"可以带来更多的利益的偏执心理等。心理因素造成的社会风险值得重视,对此国内外学者已有一定共识。[④]

心理矛盾主要表现为:

(1) 攀比心理。移民的从众和趋同心理较明显,"不患寡而患不均",常常相互攀比。一是过去和现在比。江夏区 1969 年接收安置丹江口水库移民 720 户 3700 人,进行了农业安置。南水北调工程二期移民政策实施后,这批老丹江口水库移民感觉自己吃了亏,提出比照现行政策给予补偿或重新安置的要求。2012 年多次聚集上访、闹访,严重时曾围堵省委大门。二是本省和外省比。2000 年前后,三峡工程建设时,公安县接收安置三峡工程重庆开县自主外迁移民 489 人。近十年来,公安县在城镇建设和经济发展方面相对滞后,而开县在三峡库区移民和西部大开发等国家政策大量投入的前提下,各方面发展较快。公安县的部分移民认为各级政府对他们这批外迁移民关心不够、政策扶持不力,心态极不平衡。仅 2012 年,开县移民就先后 20 批次、617 人次赴武汉、重庆等省市政府所在地集访。

---

① 湖北省统计局、湖北省移民局:《2013 年湖北省农村移民生产生活状况调查》。

② 湖北省移民局:《湖北省 2012 年度大中型水库移民后期扶持政策实施情况监测评估报告》。

③ 黎爱华、张鹤、张春艳:《水利水电工程移民稳定问题对策研究》,载《人民长江》2010 年第 23 期。

④ 陈绍军、程军、史明宇:《水库移民社会风险研究现状及前沿问题》,载《河海大学学报(哲学社会科学版)》2014 年 02 期。

（2）不信任心理。个别移民认为地方政府或相关政府部门是腐败的，对政府的所作所为持怀疑态度，所以关于政府的一切行为往负面方向设想，任何小道消息和谣言都可能引发不安和骚动。2011年，荆州区给本区内安置的三峡移民发钱，发钱时间比预定时间推迟了两次，虽然是由于上面财政延迟下拨，但是有移民却质疑移民资金被挪用，多次到移民局上访。

（3）从众心理。从众心理主要是看到其他人去上访，尤其是群体性上访，认为法不责众，所以也参与进去，或者认为别人都去了，自己不去不好，所以随大流去上访。在前文所述公安县移民赴开县集访的案例中，就有移民告诉工作人员，自己是跟着大家一起去上访的，大家做什么自己就跟着做。

前文从社会、自然和心理三个方面对移民矛盾进行了分类。但需要指出的是，对移民矛盾进行分类概括，是为了研究方便，或者说是"理想类型"。实际上，移民矛盾十分复杂，可以说，几乎所有移民矛盾都混合着社会因素、自然因素和心理因素，三者相互交织，给解决移民矛盾带来了困难。但是，移民矛盾又不仅是移民群体的矛盾，也是社会整体和谐的障碍，是整个社会都需要重视的问题。解决移民矛盾需要对症入手、针对矛盾的不同类型和根源、多部门的配合参与，采取措施进行化解矛盾。

三、矛盾化解机制探索

（一）提高相关政策制度的科学性和适用性

相关部门在进行制度设计和制定政策时，可以更广泛征求意见，从而提高制度和政策的合理性和适用性，避免由于政策不周全造成部分移民利益损失，引发矛盾。我国的水库移民政策经历了从实物低水平补偿到综合等水平补偿、从重工程轻移民到创新性稳民富民多个阶段，移民政策转变背后映射出整个社会的发展转型，在这个剧烈的转变和转型过程中，非常容易出现各类社会政策不配套、甚至相互抵触的情况，因而，新政策的出台应秉持更加慎重的态度，让移民政策与民政、农业、交通、教育等部门现有相关政策之间接轨，尤其是应该将移民政策作为整体政策的一环，充分考虑各项政策间的对接，形成一个完整配套的制度体系，提高政策体系的效率。

（二）各部门联动起来解决移民矛盾

移民矛盾往往不是简单的移民搬迁或移民安置时的利益矛盾，而是与其他社会矛盾交织在一起，单靠移民管理机构难以处理，需要各部门联动解决。在调研时，襄阳市襄州区欧庙镇的一位女性移民（丹江口一期移民）反映，其弟由于以前未上交提留款，村里没有分配土地给他，结果其弟媳自杀。此后，村里为平息事态，重新分配土地给其弟。最近修高速占去这块地，但是部分赔偿款却被村里抵扣了从前欠下的提留款。其弟非常不满，表示以后要闹事。这个事件便包含了土地分配矛盾、土地税费矛盾、村干部侵犯村民财产权等多方面矛盾。实际上，移民矛盾与其他社会个体或群体的矛盾具有同质性，一个矛盾可能牵涉多个部门，甚至涉法涉讼，移民局不是"万事全"，做不到对移民矛盾问题一肩挑,因此,在移民集中搬迁安置期间和搬迁安置结束后的过渡期内,出现的各种移民矛盾需要由移民局牵头,多部门联动起来解决。

(三)逐步淡化移民身份,帮助移民无缝过渡到正常公民身份

移民的身份认定本质上是一个"标签化"过程,这种认定有时候容易强化移民的被剥夺意识,让矛盾变得更加复杂。移民既是移民,又是社会公民。移民只是一个暂时的、过渡性的角色,更多时候,他们应该是作为公民存在,参与并享受社会对公民的各类保障。所以,当"移民"(这里作动词解)这个动作完成以后,就应该把他们纳入到安置地的社会保障体系中去,让他们像其他所有公民一样,由社会、政府其他部门有序地对他们进行保障,履行职责,而不是让他们一直带着移民的特殊标记生活。荆州区的移民比较稳定,该区局长介绍,他们的经验就是,"对移民,关键在于处理问题时不能当移民看而是当村民看。有移民来要求办理低保时,我们会回复说,你回去到村里,与村民条件比,符合就给低保,而不是因为你是移民就给低保。"这种去移民身份化的做法有助于移民尽快融入当地社会,从而减少群体矛盾。

(四)改善库区和安置区人居环境,帮助移民尽快脱贫致富。

国家和地方政府可采取多种措施,统筹发展移民区教育、文化、卫生等各项社会事业,解决移民上学难、饮水难及看病难等问题;充分利用中央专项资金,有计划有步骤地推进移民美丽家园建设、滑坡体搬迁等工作,优化移民区文化生活环境;提高移民职业技能[1],培养特色产业和高效农业,多方提高移民收入,帮助移民脱贫致富。同时加强移民思想引导和心理疏导,增强移民的机遇意识、自强意识和开拓开放意识,努力营造文明和谐的社会环境,以助力解决移民矛盾。

---

[1]　梁福庆:《水库移民社会稳定管理的思考及对策》,载《三峡大学学报(人文社会科学版)》2014 年 01 期。

纠纷解决

水事纠纷的应对机制

　　随着社会经济的发展,水资源的价值和功能日益复杂。水资源的多元价值和不同功能关系到多方主体的利益,产生了极为复杂的水事关系和利益关系,由此引发的矛盾和冲突成为常态,水事纠纷呈现出多元和高发的态势。探索水事纠纷的解决机制,不仅需要借鉴国外成熟、先进的纠纷解决应对机制,更需要挖掘有利于纠纷解决的本土资源,实现纠纷解决机制的本土化。

论水事纠纷行政公益诉讼制度的构建[*]

龚鹏程　臧公庆[**]

水乃生命之源、生产之要、生态之基，是基础性自然资源和战略性经济资源，是生态系统控制要素，关乎人类生存之根本利益。目前，因"水"产生的利益纠葛已成为公民、企业和社会，乃至国家之间矛盾簇集的焦点之一。在我国，考究现行水事纠纷解决机制，可以发现其特殊性及中国实践的具体表征，彰显着行政机关在矛盾处理中的核心地位。然而，在我国，司法作为行政权力行使的有效监督者在水事纠纷行政处理过程中的法定之职被明显削弱。为防止民众因地方政府解决水事纠纷的不公平、不彻底而激愤，诱发政治群体性事件，恰值《行政诉讼法》修订的契机，笔者建议，应允许公益诉讼纳入行政诉讼程序，赋予相应公益代表或主张机构、个人以原告资格监督行政机关和其他社会公共机构严格、公正执法，这样可以为水事纠纷行政处理加上司法审查的"安全阀"。

一、水事纠纷及其解决机制概述

迄今为止，水事纠纷贯穿于我国经济社会发展的历史长河，见诸文字的可追溯至公元前651年诸侯葵丘盟约中关于水事纠纷的条款。如今，水事纠纷有了高发态势。2012年全国共调处水事纠纷5410件，挽回经济损失9987万元。水利部共受理行政复议案件10件，办结10件。[①] 这还仅是记录在案并得以解决的部分，水事纠纷的实际发案率远不止于此。目前，我国水事纠纷泛指水资源（包括地表水和地下水）的开发、利用、管理、保护、防治水害及其他水事活动过程中因不同地区之间、单位之间、个人之间、单位与个人之间由于权利、义务配置不均衡而引起的争端，具有区别于一般的环境矛盾的地缘性、群体性和社会性等特征。从法理逻辑和法律体系构成的角度看，水事纠纷的解决机制可谓途径丰富、层次分明，主要包括诉讼、非讼两大解决机制类型。诉讼解决机制包括民事、

* 基金项目：本文系国家社科基金重大项目"保障经济、生态和国家安全的最严格水资源管理制度体系研究"的阶段性成果，项目编号：12&ZD214。

** 作者简介：龚鹏程（1974—），男，江苏灌云人，河海大学法学院副教授，博士后，硕士生导师；臧公庆（1989—），男，江苏宿迁人，河海大学商事法律研究所助理研究员，法学硕士，研究方向为水法、民商法学。

① 水利部主编：《2012年全国水利发展统计公报》，中国水利水电出版社2013年版，第18页。

行政和刑事诉讼制度；非讼解决机制又分为和解或协商、调解、仲裁与行政处理（行政裁决和行政复议）。不论是哪种解决机制，都是建立在水事纠纷可诉性问题得以有效界定基础上的。对此，《中华人民共和国水法》（以下简称《水法》）将之界分为两类：可诉的水事纠纷和不可诉的水事纠纷。

《水法》第56条规定：行政边界区域水事纠纷主要是由有关地方政府协商或上级政府协调解决，诉讼在解决行政边界区域水事纠纷中的地位和作用难以得到充分体现。依据诉讼体的不同，行政边界区域水事纠纷分为"区域政府间水事纠纷"（仅限于环境行政监督管理事务）和"区域间民事或行政水事纠纷"两类。基于诉讼程序的基本原理，前者没有可诉性，后者则具备可诉性。之于前者，当事人是行政机关，目前实践中像这样的"官告官"诉讼缺乏法律依据，是不可想象的，即使裁决有误，也只能通过行政方式或政治方式纠错而不可能诉诸司法[①]；后者却是典型的诉讼类型，如《水法》第57条所规定的"单位之间、个人之、单位与个人之间发生的水事纠纷"，包括平等民事主体间，以及主管部门与相对人之间的水事纠纷，其牵涉的主体实质上要么均是民事主体，要么一方是民事主体，一方为政府机构或公共服务组织。

依据争议标的属性的不同，可诉的水事纠纷又可分为私益诉讼和公益诉讼。结合当事人法律地位的差异，公益诉讼又可进一步划分为民事公益诉讼和行政公益诉讼。前者在新修订的《民事诉讼法》中已有所体现，后者却仅浮于学理论证的阶段。事实上，水事纠纷解决的实践效果与制度设计的初衷相去甚远，水事纠纷发生后的群众集体上访、暴力上访往往成为诱发政治群体性事件的主要因素，严重影响着社会秩序的安定性。如府保河段水事纠纷导致黄河两岸居民、两县地方政府矛盾加剧，致使群众堵桥、堵路甚至大规模上访等过激行为；太湖流域水体污染导致饮用水安全事故，引发社会高度关注；淮河流域防洪除涝水事纠纷激化了政府间的水事权益矛盾。笔者认为，造成这些问题的主要原因是水事纠纷的解决充斥着复杂的政治、经济、社会和技术因素，实难为当事人自愿协商和解、仲裁、民事诉讼，以及单独的行政处理所能够承受，往往案结而事儿未了。因此，行政权在水事纠纷解决中的核心作用是毋庸置疑的。然而，出于对政绩和对GDP的片面追求而罔顾法理与生态承载力，部分地方政府存在官商勾结、权力寻租和腐败等问题。因此，将水事纠纷行政处理纳入公益诉讼的范畴并付诸司法实践，可以起到"阳光化"的监督作用，而行政公益诉讼制度的构建则有望成为补救水事管理中"政府失灵"的良方。

二、水事纠纷行政公益诉讼制度理论溯源

行政公益诉讼是指与被诉事由无直接利害关系的公民、法人和社会组织以及特定的监察机关，针对行政机关或社会公共部门的不作为、乱作为和侵权作为致使公益受损或有受损可能的行为，以自身名义所提请的行政诉讼。水事纠纷的行政处理是司空见惯

---

① 吕忠梅：《水污染纠纷处理主管问题研究》，载《甘肃社会科学》2009年第3期。

的，而行政公益诉讼旨在以司法督促行政机关严格执法，之于水事纠纷的司法解决具有天然的优越性，对此，笔者也仅就如何通过行政公益诉讼制度建设加强水事纠纷的司法推进来阐述。考究制度选择的理论渊源，水事纠纷行政公益诉讼制度的正当性源自理论上的必要性和实践中的可行性两个方面。

（一）理论方面的必要性

在我国，行政公益诉讼的学理研究近年来刚兴起，缺乏立法层面的支撑，《行政诉讼法修正案（草案）》对此更是毫无涉及。这与学界普遍呼吁建立行政公益诉讼制度的基本共识构成了矛盾，其原因是多方面的。

首先，在法治国家，公权与私权之间存在着此消彼长的天然竞争性关系，公权的划界直接关乎私权的实现。行政权具有天然的扩张性和权威性，恣意行使极易导致权力滥用与违法，造成对私益、公益的严重侵害。行政公益诉讼的对象恰恰就是"公共权力部门即行政机关或其他公共性质机构实际侵害公共利益或公共秩序或有侵害之可能的公权力行为"。[①] "将权力扔进笼子"是"行政控权"理论的核心，也是法治行政的精髓。但是，水事纠纷行政处理的监督主要来源于行政系统内部的自我拘束，缺乏应有的外部力量的限制。水事纠纷的司法解决作为最终处理机制，丰富了水事纠纷解决的制度构造和渠道选择，从外部为行政权力运行加上司法审查的"安全阀"，有效促进了行政机关依法行政与服务型法治政府建设，也符合《十八届三中全会公报》在"创新社会治理体制"中要求完善"调处化解矛盾纠纷综合机制"的政策要求。

其次，因法律、政策制定的立足点不同，制度性安排往往存在利益上的偏颇与倾斜。中央基于整体利益的考量往往难以兼顾地方利益，局部利益不得不作出妥协，但这种"心不甘，情不愿"的态度反馈在执行上就是不作为或表面作为，甚至盲目抵抗。这种现象在水事纠纷处理过程中往往更加明显。

最后，在一元宪政体制下，司法权理应归属国家。我国法院的人、财、物均受制于地方政府，极易导致司法权的"异变"。司法权力"行政化""地方化"，造成司法手段"难有作为"的现实窘况。[②] 这种泛政治化处理的传统行政思维在水事纠纷解决机制上的表征就是行政权力干预既普遍又传统。然而，诉讼权乃公民的基本权利，受"宪法"保护。依据"司法最终原则"，行政权侵害公益的行为理应如私益行政诉讼救济一般同样获得司法作为最基本、最权威解决机制的约束。"法律必须设法给没有利害关系或没有直接利害关系的居民找到一个位置以防止政府内部的不法行为，否则便没有人能有资格反对这种不法行为。"[③]随着普通法上诉因理论的突破，即"直接利害关系"原则，公益代表或主张机构、个人均有权提请行政公益诉讼，立法应保障其诉讼权利。水事纠纷涉及公益损害的当然也在其规制范畴，而这在学理研究中业已达成了共识。

① 孔祥俊：《行政行为的可诉性、原告资格和司法审查》，人民出版社 2005 年版，第 182 页。
② 曾宏伟：《司法功能与中央权威》，载《法律适用》2006 年第 5 期。
③ 〔英〕威廉·韦德：《行政法》，楚建译，中国大百科全书出版社 1997 年版，第 365 页。

（二）实践层面的可行性

行政公益诉讼制度性安排在英国、美国、法国、印度等国家以及我国台湾地区均获得了成熟的实践经验，诸如美国的公民诉讼、法国的越权之诉及日本的民众诉讼等。我国水事纠纷行政公益诉讼制度的构建可以充分借鉴域外法，取精去粕，保持后发优势。另外，学术界和实务领域的共同呼吁也为行政公益诉讼立法提供了一定的舆论基础，特别是水事纠纷经行政处理难以案结事了又常常存在诱发政治群体性事件之可能，诉讼途径自然就成了水事纠纷解决的新期冀。而且，经济的快速发展、社会治理模式的急剧变革，使得《宪法》赋予公民"参与公共事务管理的权利"在日常生活中逐步得到落实，为水事纠纷当事人享有行政公益诉讼权利奠定了法律基础，特别是公益诉讼条款先后被纳入《民事诉讼法》和《环境保护法（修订案）》之后。当然，现代公民的养成也为行政公益诉讼方式解决水事纠纷提供了现实条件。

三、水事纠纷行政公益诉讼制度的形塑

水事纠纷行政公益诉讼制度的法律确认不仅取决于现行法有关公益诉讼的基础性规范，还受到实践效应的具体影响。毕竟，法律的生命在于经验而非逻辑，经实践证明的有益经验自然可以上升为法律，而这也符合我国法律制度由"政策先行"向"立法在后"的基本衍生脉络。因此，水事纠纷行政公益诉讼制度的构建理应建立在对既有司法审判实际工作经验的充分吸收与反思基础之上。

（一）水事纠纷行政公益诉讼司法实践及其法律问题

鉴于水事纠纷的特殊性及其矛盾处理的复杂性，我国水事纠纷行政公益诉讼案件较之一般公益诉讼或水事纠纷案件，实践操作过程中所面临的法律问题更显繁多也更难解决。以司法审判的基本程序为界分标准，可以将之归纳为立案、审理以及执行三个层面的法律难题。

1. 立案难

立案是确定案件性质的必要前提。水事纠纷行政公益诉讼的立案必须以行政行为违法为前提，并具备立案的理由：事实、法律和程序条件。实践中，公益诉讼面临着立案难的窘况。法院常以缺乏相应诉讼法依据裁定不予受理，更何况是牵涉到"民告官"的水事纠纷行政公益诉讼案件，造成老百姓"信访不信法"的局面。如前文所述，相较于其他社会矛盾，水事纠纷往往牵涉复杂的利益关系，具有涉案面广、容易恶化等特征。我国司法审判公权力色彩浓郁，除考虑法律因素外，又要综合考量其他社会、政治和经济等因素的影响，法院往往不能独立行使审判权，相对棘手的水事纠纷行政公益诉讼案件被驳回自是可期，诸如2014年广受争议的浩勒报吉地下水超采和污染纠纷案件的起诉屡屡被拒等事。

2. 审理难

自然资源环境拟人化的"准主体"地位和资格使得自然资源环境法律关系不在仅局限于人与人之间的权利义务关系,形成了一种"三主体"法律关系。① 环境法并非单纯调整人与人之间的社会关系,而是通过一定领域的社会关系的调整来协调人与自然的关系。而且,环境法具有技术性的特征,水事纠纷作为常见的环境问题其司法解决要求具备较强的技术能力,传统的审判机制恐难胜任复杂水事问题的处理,诸如证据、损害事实和因果关系的认定。特别是目前公益诉讼尚未得到《行政诉讼法》的支持,程序法依据不足。所以,实践中水事纠纷行政公益诉讼普遍存在审理难的情况。虽有相关案例,但我国法律制度承袭大陆法系,没有案例拘束力的传统,加之地方保护主义严重和司法裁量权的宽泛,往往出现异地管辖"同案不同判"的尴尬局面。因此,许多学者倡导采取集中管辖或成立"专门法院""专门法庭"来审理水事纠纷等环境案件。

3. 执行难

我国环境立法重实体、轻程序,多原则、少规则,缺乏可操作性,水事纠纷亦如是。水事纠纷行政公益诉讼强调对公权的制约、监督,强调公民参与和信息公开,审判结果一旦不利于自身利益,必然遭到行政机关和公共服务组织的抵制,实践中不乏判决后不执行的先例。所以,为保障司法的权威和推进司法权之于行政权的竞争力,此次《行政诉讼法修正案(草稿)》第48条进一步明确了行政机关不执行法院判决的责任:一是将行政机关拒绝履行判决、裁定、调解书的情况予以公告;二是拒不履行判决、裁定、调解书,社会影响恶劣的,可以对该行政机关直接负责的主管人员和其他直接责任人员予以拘留。

(二) 完善水事纠纷行政公益诉讼制度构造的建议

行政公益诉讼制度区别于一般行政诉讼,规则条款的设计应有其特殊性。笔者旨在以诉的三要素之诠释为基础,探讨水事纠纷行政公益诉讼制度的构成。

1. 诉讼主体

即原告的资格确认。我国行政诉讼当事人资格依旧受到"法律上直接利害关系"原则的束缚,要求原告和诉讼标的之间存在独立、排他的利害关系。依据法理与经验,水事纠纷行政公益诉讼原告无外乎包括监察机关、公益组织和公民个人等。其中,颇受争议的主要是检察院和公民的原告资格问题。首先,检察机关提请公益诉讼在国际上已是司空见惯,但在我国,检察院是法律监督机关,效仿刑事公诉案件中检察机关双重身份的行使而罔顾法律定位上的功能性冲突,以其为公益诉讼案件的原告是一种妥协。这般做法将遭遇诸多法律难点,如反诉、抗诉、赔偿款的给付以及司法资源等问题,尤其是牵涉到司法调解。虽然行政诉讼中的调解受到严格限制,但是"极个别情况下应当承认审理行政案件适用调解"②。此次《行政诉讼法》修订对例外性地适用调解未作出明确规定,不能不说这是一个很大的遗憾。水事纠纷案件的处理一般遵循"协商先行"的原则,以检察院

① 邱木:《自然资源环境法哲学阐释》,载《法制与社会发展》2014 年第 3 期。
② 杨建顺:《"行政诉讼法"的修改与行政公益诉讼》,载《法律适用》2012 年第 11 期。

为原告,因其特殊身份,水事纠纷行政公益诉讼案件存在调解程序的适用性难题。加之体制的制约,检察院介入水事纠纷行政公益诉讼并不能从根本上扭转执法不力的现况,反而被赋予了过高的期望,但是,检察院作为代表公益的国家机关,基于其检举、监督职能,使其具备水事行政公益诉讼的诉讼主体资格在现阶段还是较为适宜的。其次,受诉因原理的制约,行政公益诉讼原告主体资格没有放宽到一般公民。但当下对个体权益的保障正逐步加强,环境权假说和行政诉讼"公众参与"的法治要求均为公民享有水事纠纷行政公益诉讼权利奠定了理论基础。有学者建议在《环境保护法(修订)》中增加关于公民环境权的规定却并没有获得立法的支持,一个堂而皇之的理由就是防止"滥诉"。实践证明这种忧虑是多余的。水事纠纷行政公益诉讼案件具有普通公益诉讼的一般特征,即原告与其欲求实现的诉讼效果之间没有人格上的、私人独占的或者金钱上的利益关系。这也影响了公民提请诉讼的积极性,造成环保法庭门可罗雀,法官纷纷被抽调的事实。

2. 诉讼标的

即水事纠纷发生并请求司法裁判的行政法律关系,主要涉及立法上的"诉讼竞合"以及司法程序的问题。首先,实践中,针对水事纠纷行政处理中的"政府失灵"现象,公民既可以依据"私人检察官理论"通过行政公益诉讼的方式监督公权力依法运行,敦促行政机关尽可能快捷处理水事矛盾,又可以凭借诉因原理选择行政诉讼方式来维权。这种制度安排表面上看似乎存在竞合现象,实质上却没达到非此即彼的竞合效果。毕竟公益诉讼应以要求被告停止侵害、排除妨害、消除影响等为诉讼请求,并不代行对受害人损害进行具体索赔的权利。[①] 即便因为公益侵害存有一定之补偿,资金用途却明显受限——将用于公益恢复,不支付给受害人,而且政府机关通常并非水事矛盾真正的义务主体,所以,水事纠纷行政公益诉讼与民事侵权诉讼的提请是并行不悖的。其次,行政诉讼涉及面广、办案阻力较大,特别是牵涉水事纠纷等行政色彩浓厚、复杂程度高的案件。本着节约司法资源的原则,可以先于行政公益诉讼设立前置程序,最大化地提高司法监督的实效:穷尽行政救济,减少诉累。在中国人民大学宪政与法治研究中心发布的《行政诉讼法修正案》专家建议稿中,应松年提出了类似构想:"在提起行政公益诉讼之前,还应设置一个前置程序,法律规定的机关和组织在发现行政机关存在损害社会公共利益的情况时,首先应向该行政机关提出纠正的建议,检察院可以提出检察建议,行政机关不予回应或不予改正的,才能提起行政公益诉讼。"当然,特定情况可以不经前置程序径行起诉:(1)行政主体明显缺乏管辖权的;(2)通过前置程序,将给公共利益带来不可弥补的损害的;(3)争议主要是法律适用问题的,不存在事实争议的情况下,通过前置程序只会导致资源的浪费,贻误挽救公共利益的时机;(4)行主体故意拖延或明显不可能给予公正救济的;(5)其他的通过前置程序不利于维护公共利益的。[②]

3. 诉讼理由

即当事人所依据的事实和法律。因为缺乏诉讼基本法的制度依据,水事纠纷行政公

---

① 别涛、王灿发等:《检察机关能否提起环境民事公益诉讼》,载《人民检察》2009 年第 7 期。

② 王灿发:《论环境纠纷处理与环境损害赔偿专门立法》,载《政法论坛》第 21 卷,2003 年第 5 期。

益诉讼模式至今不能正式纳入司法审判实践,而破解的方法最主要的还是立法的突破。水事纠纷的复杂性、特殊性以及行政公益诉讼司法推进的难题,都将成为该诉讼模式制度化的瓶颈。所以,推进水事纠纷行政公益诉讼应持保守的态度,选择渐进的思路。在单行法、专门法和实体法中先行设定"公益诉讼"条款,而后在诉讼法中明确行政公益诉讼制度的司法程序。事实上,立法的逻辑也遵循这样的脉络。《海洋污染防治法》(第 90 条)成为首个也是唯一一个将"公益诉讼"纳入法律文本的环境立法;新修订的《民事诉讼法》结束了公益诉讼基本法无法可依的状况;《环境保护法(二审稿)》将公益诉讼纳入了审议范畴。如今,恰值《行政诉讼法》修订之契机,许多专家、学者也纷纷推出行政公益诉讼立法草案。这种思路既避免了将行政公益诉讼写入诉讼基本法的难点,又丰富了环境公益诉讼的类别,不失为一条稳妥、可行的渐进式改革路径。此外,水事纠纷损害事实的司法认定,牵扯取证和诉讼费用的难题。一方面,取证问题关乎责任分担和因果关系的认定,直接影响审判结果。因为企业藏匿、利益捆绑、地方保护主义等问题的存在,水事纠纷行政公益诉讼原告普遍存在取证难的情况,特别是民间环保组织。鉴于当事人法律地位、能力的严重不平等,水事纠纷行政公益诉讼可以考虑适用举证责任倒置原则来弱化原告的证明责任。另一方面,诉讼费包括案件受理费、裁判费用和当事人的费用。行政诉讼案件中,当事人的费用由其自己承担,裁判费用则采取以败诉方承担为原则的处理方式。出于"公益"考量,学界普遍赞同免收案件受理费或者采取按件收取的标准。但水事纠纷损害事实的评估涉及相关证据材料的检测、化验和鉴定,是一个多学科、综合性和技术性都很强的工作,难度大、成本。虽然最终应由败诉人承担,但是,实践中需要原告先期垫付,如果官司没有获胜,评估费用如何落实将成为一个难题。不同于检察机关,即便败诉,诉讼费用可由国库承担,检察机关仅负担诉讼支付的必要费用。然而,我国民间组织的规模较小、能力较弱,诉讼操作的现实无异于阻断了其推开公益诉讼大门的机会。所以,这又涉及公益诉讼损害事实评估的法律援助问题。当然,也有学者认为,环境立法可以变革"经济与环境协调发展"原则,代之以"环保优先"①,加大环境侵权损害赔偿力度,增加企业违法成本,从对违法行为者的罚款中建立环境保护专项基金,用于环境公益诉讼的必要支出。

---

① 王灿发:《我国环境立法的困境与出路—以松花江污染事件为视角》,载《中州学刊》2007 年第 1 期。

他山之石

水事纠纷解决的域外经验借鉴

　　水事纠纷在古今中外普遍存在,美国、德国和日本等域外国家在水资源管理和水事纠纷的解决机制上积累了一些相对成熟的经验。然而,"橘生淮南则为橘,生于淮北则为枳",法律制度亦是如此。域外先进经验并不能天然地适用于中国,还需要我们在比较的基础上,根据中国国情加以理性选择。

水事纠纷的调解机制研究:中美比较[*]

郑雅方[**]

水资源的社会重要性和其独特的法律特征使如何妥善解决水事纠纷不断引发普遍的社会关注和法律领域的讨论。水事纠纷的非诉讼解决方式(简称 ADR:Alternative Dispute Resolution)在中国长久以来得以应用。2011 年出台的《中华人民共和国调解法》(简称《调解法》)也能在一定程度上推动水事纠纷的 ADR 解决。然而水事纠纷的 ADR 解决方式在中国虽然历史悠久,但却存在着运用方式单一,立法不完善,学理不成熟等缺陷。立法上我国并没有关于环境争议 ADR 的专门立法。关于环境争议的 ADR 解决只有《中华人民共和国环境保护法》第 41 条等做了简要但并不明晰的规定。实践中,对于调解等重要的 ADR 模式运用多局限于法院调解制度,调解方法与技巧也相对单一。学理上,对于这一领域有着非常多的疑问。例如:ADR 在水事纠纷中的概念特征与它在其他领域有什么不同? ADR 在水事纠纷中何以如此重要? 在水事纠纷处理中何时 ADR 程序比诉讼程序更为有效? ADR 在水事纠纷中的具体运用存在哪些特点和哪些形式? ADR 在水事纠纷中的运用应该注意哪些问题? 诸如此类问题都没有在学理上做出充分的探讨。而这些问题恰恰与充分利用 ADR 优势妥善解决水事纠紧密相连。

美国水事纠纷解决与其西部开发紧密地联系在一起。"水事纠纷的解决业已而其还将继续塑造整个美国西部的历史"[①]。美国在 20 世纪 70 年代初便尝试将 ADR 运用于环境纠纷解决,以满足人们低成本(Efficiency Concerns)和高效益(Qualitiy Concerns)解决纠纷的需要。[②] 在美国实践中,ADR 逐渐被发展为一种有效替代"传统,严格而正式的法庭程序"的纠纷解决方式用于解决环境纠纷。[③] ADR 这一宽广的概念包括了协商,调解,仲裁,迷你法庭(Mini-Trials),讨论性的政策制定(Negotiated Rule-Making)等。[④] 由于

---

[*] 文章受湖北水事研究中心科研项目经费资助。

[**] 作者简介:郑雅方,美国北达科他大学法学博士,湖北水事研究中心研究员,湖北经济学院、法学院副教授。

① Rosemary Leary, Tracy Yandle, Tamilyn Moore, The State of the States in Environmental Dispute Resolutions, 14 Ohio St. J. on Disp. Resol. 515 (2000).

② American Policy Review Advisory Commission, Seeking Solutions: Exploring the Applicability of ADR for Resolving Water Issues in the West, Report to the Western Water. 5 (1997).

③ Robert F. Blomquist, Some (Mostly) Theoretical and (Very Brief) Pragamatic Observations on Enviornmental Dispute Resoltuin in America, 34 Val. U. L. Rev. 343 345 365 (2000).

④ Ibid.

ADR 广泛的运用于环境纠纷领域，环境纠纷中的 ADR 程序在美国更普遍的被称为环境类非诉讼解决即 EADR(Environmental Alternative Dispute Resolution)。可以说环境纠纷中的 ADR 运用已成为美国环境法中(Scene of Environmental law)长期以来不可或缺的重要纠纷解决方式。[①] 在近 40 年来，美国不仅在实践中充分运用 ADR 解决水事纠纷和其他环境纠纷，还从立法的角度鼓励和支持 ADR 在这些纠纷解决中的运用。1996 年签署《行政纠纷解决法》，1998 年签署《ADR 法》等。这些法律的出台与实施极大地推动了 ADR 在水事纠纷领域的广泛运用与发展。

基于我国水事纠纷领域现状和美国在水事领域 ADR 解决相对成熟的理论及丰富的实践经验，本文将尝试探讨开篇中提出的相关问题。本文第一部分介绍水事纠纷中 ADR 的概念和特征；第二部分分析 ADR 对于水事纠纷的重要性；第三部分论述调解作为 ADR 重要方式，在水事纠纷中的具体运用形式和相关成功案例；第四部分作总结。

一、水事纠纷中 ADR 的概念和特征

水资源作为人类赖以生存的自然资源被法律赋予独特内涵。依我国《水法》，水包括地表水和地下水。本文所讨论的水事纠纷的水限于中国领域内的地表水和地下水。水事指在地表水及地下水的开发、利用、节约、保护、管理和水污染防治过程中产生的事宜。水事纠纷指在开发、利用、节约、保护、管理水资源和防治水灾害过程中及由水环境污染行为、水土工程活动所引起的一切与水事有关的各种矛盾冲突。[②] 我国水系分布不均，水资源开发利益过程中上下游、左右岸都存在着利益冲突，水事纠纷频繁，不乏恶性冲突。

ADR 是非诉讼纠纷解决程序总称。当纠纷方主要目的是获取法律条款的司法解释时，诉讼是合适的程序选择。当纠纷方想通过法律工具相对快捷的获取让人满意的利益冲突解决时，ADR 是更适当的选择。在 ADR 解决纠纷时常包含中立方的参与。ADR 这种自愿程序的运用目的是使所有参与方对分歧寻找一个能共同接受的解决方案。ADR 依据中立方所扮演的角色可分为两大类：一是中立方仅参与讨论，不明确表达对于纠纷实质的看法；一是中立方会对事实的发现表达看法或直接表述自己的观点。事实上，这是调解和仲裁的主要区别。调解员只服务于谈判，而仲裁员分析事实表述后作出裁决。

在实践中，所有 ADR 程序最大特征是依据自愿解决纠纷。[③] 因此，协商仍被认为当事人之间交流的核心方式，围绕协商 ADR 的其他很多方式得以构建。这一论点在调解中不证自明，在不具约束力的仲裁(non-binding arbitration)和早期中立评估(early neutral evaluation)中均可见一斑。

[①] Robert F. Blomquist, Some (Mostly) Theoretical and (Very Brief) Pragmatic Observations on Enviornmental Dispute Resoltuin in America, 34 Val. U. L. Rev. 343 345 365 (2000).

[②] 王权典、冯善书：《论我国水事纠纷预防调处机制及其完善》，载《华南农业大学学报（社会科学版）》2005 年第 2 期。

[③] American Policy Review Advisory Commission, Seeking Solutions: Exploring the Applicability of ADR for Resolving Water Issues in the West, Report to the Western Water. 6 (1997).

在水纠纷 ADR 探讨中,需要理清的一点是:ADR 多被认为是诉讼的替代程序,但直接将这一概念引入水纠纷是不合理的。因为环境纠纷处理时,中美两国有一个共同特征是行政决定像诉讼一样普遍而传统。在美国,行政决定被广泛运用于水质标准设置、水污染防控、濒临灭绝物种保护和水电工程项目建设等领域。[①] 经过过去 30 多年的实践,在水纠纷领域 ADR 不仅成为代替诉讼的方式,也成为代替行政决定的程序。这一区分很重要。在设计和执行有效的 ADR 策略时,个案 ADR 程序会针对被代替的程序进行设计;且被替代的程序还决定 ADR 程序被启用的最佳时机。如 ADR 在行政环境下常比诉讼层面发生早,以便 ADR 的协商程序更好的嵌入到整个行政决定过程中。[②]

二、ADR 对于水事纠纷的重要性

为什么越来越多的个人、组织和政府都对 ADR 程序感兴趣呢？答案一般集中在两方面:一是被 ADR 替代的程序需花很长时间和高成本才可得到结果,二是得到的结果并不一定能满足他们需要。据相关研究表明:美国的环境纠纷和许多水纠纷直接进行调解的一般耗时 10 个月,而通过诉讼再转调解的平均耗时为 23 个月。[③] 诉讼经常会消耗更长的时间和资源由此可见。

水纠纷中 ADR 显现出更大优越性。因为水纠纷解决中会出现这样的情况:即使纠纷获得行政决定或判决后,解决层面却限于程序层面上。这种决定缺乏实质内涵(如申诉人错过申诉期的行政决定)。有时即使做出决定,决定的实施却面临着新的挑战[④]。而 ADR 的重要组成部分—调解最大原则是当事人双方对程序的可控性。双方参与调解的目的是均能获得更好结果。由此相对水纠纷的传统解决方式—行政决定和诉讼,ADR 更能满足当事人从实质上解决纠纷的要求。[⑤]

另外,水事纠纷中总涉及大量的当事人和复杂的科技问题。如:美国的 Gila River 案中涉及 24000 位当事人。这一特征在中国同样存在。显然众多当事人让诉讼显得更加困难耗时。这一现象在 ADR 中同样也会产生问题。一般这样情况下参与 ADR 的当事人会分为团体然后选出代表。这样利于谈判进行,却可能产生谈判过程不够公平或透明的情况,因为强势群体总有更多机会成为代表。这种的情况下,美国会通过公开会,设观察员,正式批准等相结合的方式取得公众认可的结果。这些程序的综合运用值得我国 ADR 程序借鉴。

水资源纠纷总交织复杂的科技问题。如水质问题的本质和严重性,洪水防控或其他

① American the Administrative Dispute Resolution Act Sec. 4&5 (1996).

② G. Bingham, Alternative Dispute Resolution: Variations on the Negotiation Theme" 14th Annual Water Law Conference, American Bar Assoication, Section of Natural Resource, Energy and Environmental Law.

③ Lawrence Bacow and Michael Wheeler, Environmental Dispute Resolution, Plenum Press, 1984, Chapter 10 "Ethics" pp. 270—272. (1984).

④ The Negotiated Rulemaking act of 1990, P. L. 101—648, 5 U. S. C. Sec. 581.

⑤ Menkel-Meadow, Toward Another View of Legal Negotiation: The Structure of Problem Solving, UCLA L Rev, 31 (1984).

水利工程的环境影响及经济利益,导致大坝下流侵蚀和鱼群减少的原因;等等。面对这样的问题,法官常认为这些技术问题不宜交由法庭解决。行政机构因为掌握信息,拥有专家和调查问题的资源,比法院能更有效的解决问题。而此时 ADR 除了可以聘请专家外,还能向当事人能够提供诸多交流机会交换信息,理清信息的认可和争议点,使 ADR 变得更有优势。①

预测科技问题利弊兼有,因为一方面科技对生态环境功能的认识在不断更新,另一方面预测所基于的信息远少于事实全部。面对科学不确定性时,对于环境风险的认知会迥异。有人认为可发生的环境风险应当提前避免,而有些人认为对风险的防范应等到风险确认时完成。ADR 的初衷是:这种价值判断应通过当事人直接对话完成。当事人去了解彼此观点,相互解答疑问。许多案例表明,水纠纷的复杂科学问题通过 ADR 提供较少对抗性的解决方式得到了更多的解决机会。②

因此效率和成本是 ADR 更受青睐的原因,但使当事人获得更具质量的解决成果才是 ADR 在水纠纷解决中的巨大优势。

三、水事纠纷中调解运用的具体形式和特点

我国水事纠纷频发,依《全国水利发展统计公报》数据,2009 年全国共调处水事纠纷 8179 件,2010 年为 6800 件。③ 这仅是经行政机关调处的数量,实际发生的数量远大于此。我国解决水事纠纷的 ADR 手段依《民事诉讼法》《仲裁法》《水法》《水污染防治法》《水土保持法》等规定,主要包括协商、调解、仲裁。这些重要纠纷解决机制对预防和解决水纠纷意义重大。然而法律体系仅规定了它们最基本的结构形式,且水法体系对这些机制规定都存在矛盾缺陷。

调解是重要解决机制。实践通行水纠纷调解方式为民间调解和行政调解。水事行政调解指行政机关针对某一水事纠纷,应当事方请求,作为调解人依事实和法律促使达成协议。④ 行政调解运用并不充分。我国水纠纷调解实践中多集中于诉讼调解,这并非严格的 ADR 调解。因为它是调解法官与主审法官合一制度,属于国家干预的结案方式,有较强审判色彩。⑤ 且行政调解法律存在缺陷。行政调解促成的协议不具有法律约束力,当事人反悔并诉讼时,协议得不到法庭认可,这样易造成解决成本增加。⑥ 这些法律规定的滞后性和不协调性缺陷造成水纠纷解决效果不乐观。⑦ 为促进水事 ADR 解决,本文参照美国该领域法条和案例对典型机制介绍如下。

① G. Bingham, Resolving Environmental Disputes: A Decade of Experience. (Washington DC: The Conservation Foundation) 1986.

② Ibid.

③ 《全国水利发展统计公报》,载 http://www.mwr.gov.cn/zwzc/hygb/,2012 年 1 月 17 日访问。

④ 曹明德:《环境侵权法》,法律出版社 2000 年版,第 288 页。

⑤ 廖柏明、高兰英利:《利用 ADR 机制解决环境争议》,载《Round Forum》2008 年第 392 期。

⑥ 张卫平:《我国替代性纠纷解决机制的重构》,载《法律适用》2005 年第 2 期。

⑦ 毛涛:《我国水事纠纷解决机制研究》,2008 年环境资源法学研讨会论文集。

调解广义是指由第三方参与完成的谈判。民间调解和行政调解对水纠纷解决有很大帮助。本文对调解的讨论也针对这两种调解制度。美国水事纠纷 ADR 领域,有高品质的 ADR 机构,民间调解在水纠纷中扮演重要角色。我国也有悠久的人民调解制度和丰富的民间 ADR 资源。随着《调解法》的颁布执行,相信民间调解在水纠纷中会广泛运用。

广义协商存在于生活中的方方面面,均为解决各方争议。在 ADR 运用的很多领域,协商极为常用。但协商在水纠纷领域难以成功,主要原因是水纠纷充满复杂的政治和科技因素。当事方面对争议性的事实常会质疑何以进行一个有效协商;也不知如何开启协商、打开僵局。因此调解得到更多运用。

现举一个在美国 EADR 领域中极为经典的环境调解案例,即 Snoqualmite River 案,通过该案来领略调解在水纠纷领域的独特魅力。1970 年华盛顿州经过一场大暴雨,美国工程组欲在易发洪水的 Snoqualmite River 上建一大型水坝。这一计划被当地居民、开发商和农民所支持。[①] 然而该项计划却遭到环保组织者和一些社团反对,因为洪泛区将造成城市扩展,扰乱河流河道等影响,无法达到经济利益平衡。[②] 虽然华盛顿州州长最终同意没建立水坝,但社会的争论并未平息。[③] 最终州长邀请 Cormick 先生和 McCarthy 女士作为调解员。1973 年调解员在咨询和沟通了环境专家,律师,工业代表及行政官员后认为传统对抗性的解决方式在复杂的环境案件中已越来越难以发挥效用。他们探索将谈判诸多技巧运用到该案中已求更便捷有效的解决。经过 7 个月的艰苦谈判,这份协议最终博得当事方满意并送由州长签字认可。协议包含各方许多关注事项,也确定了在另一条河上建个小水坝,且还建立一个洪泛区计划委员会负责组织该区域防洪事宜的事项。这个协议结果在预防洪水的同时没有改变河流的原始流向,还有专门组织机制来监控防洪环保实施。此案后,EADR 逐渐引起全美国广泛关注。

调解方不决定谁对谁错和结果。在 Snoqualmite River 案中,纠纷方对最终解决结果有很大控制权,Cormick 先生和 McCarthy 女士并不直接判定是否修水坝、如何修水坝等问题。但这两位调解者却拟定了合理有效的议事框架,创造诸多交流机会让纠纷方能理清头绪和利益关系。在理清后,调解者帮助起草创造性解决方案,博得各方满意。由此可见调解者的调解能力技巧,纠纷掌控度和经验对运用调解解决纠纷有重要作用。

在我国水事调解过程中,调解方应如何更好完成职责,需要做的具体事项等问题鲜有总结。调解方为更好促进调解成功应做到[④]:

(1)通过拟定一个纠纷方都能同意的议事框架使纠纷方都参与到调解中来。框架中需要包括将要调解的纠纷范畴和调解的基本形式与步骤。

(2)通过召集会议等形式为纠纷方提供交流的机会,在会上促成建设性的探讨;当交流气氛紧张时要充当中间人协调。

---

① J. B. Plater et al. ,Environmental Law and Policy:Nature,Law,and Society 964 (2d ed. 1998).

② Douglas J. Amy, The Politics of Environmental Mediation 4 (1987).

③ Ibid.

④ G. Bingham,Resolving Environmental Disputes:A Decade of Experience. (Washington DC:The Conservation Foundation) 1986.

（3）帮助纠纷各方理清既有水事权利和利益；澄清纠纷方存在重合的水事权利；确认潜在的可达成协议的纠纷领域。

（4）帮助纠纷各方发现创造性地解决协议，并提供合理的评价标准以评价即将达成的协议。

（5）记录每一步达成的解决协议，在纠纷方浏览后，协同纠纷方针对协议的实行进行最后修改。

相比其他领域的 ADR 纠纷调解：调解方多为无利益关系第三方的事实，在水事纠纷的调解方选择上并不一定要求绝对中立。基于对成功的水事纠纷案例分析[①]，调解方经常是拥有一定的权力或是基于问题解决获得收益的第三方。这个调解方经常在政治上有影响力，且未被卷入到水事纠纷的中心，又有能力将双方带到谈判中来。

目前中国的水事纠纷调解形式较为单一。学术上也未就水事纠纷可以采取哪些具体调解形式做出探索或总结。实际上调解具体形式多样。现列举介绍如下：

讨论性的政策制定[②]：依相关行政程序，在水事行政规章草拟后公布前，由行政机关召开水事规范涉及的行业代表，公益群体代表及其他相关利益代表参加的大会。大会对起草的规则的内容进行商讨，使所有相关利益群体能够更顺畅的接受新规范，也可使新规范更科学。

联合实况调查（Joint Factual-Finding）：水纠纷中常存在的技术性问题，这些问题是纠纷方难以达成协议的障碍。为了纠纷方在调解中达成协议，调解方常会采用联合实况调查作为调解达成的先行步骤。联合实况调查可以帮助纠纷方在纠纷的事实层面上达成更多的共识，为最终解决纠纷奠定基础。联合实况调查程序中最主要的任务是：在第三方的组织下让纠纷各方讨论与纠纷相关的事实问题；交换事实信息；确认他们相互同意的信息和不同意的信息；商谈能够取得更多信息的方式等。

合伙商谈（Partnering）：常被用于水利建设工程合同。在工程开始前，工程出资方（Sponsor）和工程建设合同方见面讨论具体施工任务，如何完成，怎样评价工，如果问题产生由谁联络处理，在问题成为纠纷前应采取何种交流步骤进行解决等事项。

以上的每种方式都富有特色，他们在个案中具体运用的形式可依据当事人要求和纠纷的特点进行调整。这实际上是 ADR 一个很大优点：ADR 可灵活依据每个案情况进行程序设置。[③] 专业调解员本身也有自己的风格和方式。依据美国相关研究分析：水事纠纷的调解员一般更喜欢强调纠纷方直接对话；而劳务纠纷的调解员更喜欢采用各方共同出席会议的方式加强交流。[④] 这些不同的纠纷调解形式和风格，对我国的水事调解有重

---

① J. Neuman, Run River: Mediation of a Water-Rights Dispute Keep Fish and Farmers Happy-for a Time, *University of Colorado Law Review*, volum 67, issue2, 1996.

② Jay Floberg, Dwight Golann, Thomas J. Stipanowich, and Lisa A Kloppenberg, *Resolving Disputes: Theory, Practice, and Law* 256 (Vicki Been et al. eds., 2nd ed. 2010).

③ Brett, J. M., Barness, Z. I. and Goldberg, S. B. The Effectiveness of Mediation: An Independent Analysis of Cases Handled by Four Major Services Providers, *7 Negotiation J.* 262 259—69 (1996).

④ American Policy Review Advisory Commission, Seeking Solutions: Exploring the Applicability of ADR for Resolving Water Issues in the West, *Report to the Western Water*. 8 (1997).

要参考价值。

四、总　结

水事纠纷的成功解决面临着挑战,除前文论述的诸多原因外,还有其他因素。如果希望更完满地解决这些纠纷,我们必须给予这些挑战因素充分重视,它们包括:

(1)水资源问题总涉及不同的团体,机关和组织的复杂利益。

(2)水流流经多个行政区划影响着很多人的切身利益,让谁参与到 ADR 的解决程序中来对于纠纷的成功解决是重要问题。

(3)水事纠纷中,纠纷方考虑他人利益的动机并不明朗。这为各方达成协议设置了障碍。

(4)水资源的有限性增加了使用者之间潜在的竞争性。

(5)水事纠纷中复杂的科学性和技术性使 ADR 程序的协商过程变得复杂。

(6)水事纠纷中很可能出现纠纷方在科技和经济资源能力上严重失衡,面对这样的情况,需要促使纠纷各方能够有均衡的能力代表各自的利益参与到纠纷解决中来。

(7)水事纠纷总是关乎于大众而非私人的利益,在 ADR 解决纠纷时应充分考虑法律、媒体和政府机关都会在整个纠纷的解决中扮演重要的角色。

充分考虑上述因素对于运用 ADR 解决纠纷有重要意义。ADR 的一大特征是它的程序灵活性,可依据个案有利于解决纠纷的机会和不利于解决纠纷的障碍来具体调整 ADR 程序适用。在一个复杂的纠纷解决链中,不同阶段的具体纠纷解决依赖于不同的解决着力点、信息和可能的解决方式。因此对于不同的纠纷,或是一个纠纷的不同阶段,纠纷方能够采用的 ADR 程序和方式也必然不同。

环境损害的修复责任制度初探[*]

——以水体损害修复责任的中德比较为视角

沈百鑫^{**}

一、破坏环境引起的公法上责任之界定

我国环境法已形成相对完整的法律体系,但从我国环境污染仍未完全得到控制来看,环境法的实施效率一直存在问题。① 2012 年《关于〈中华人民共和国环境保护法修正案〉(草案)的说明》指出:"对政府及其有关部门滥用行政权力和不作为的监督缺乏法律规定是现行相关法律的共性问题,""强化政府责任和监督,加强法律责任和追究,"②"责任"成了关键词。

(一) 理解法律责任概念

在我国法理学上,法律责任可以分为广义和狭义两类,广义的法律责任等同于一般意义上的法律义务,狭义的法律责任则是违法行为所引起的不利法律后果。③ 西方法学认为法律责任德语英语主要集中在民法和刑法中,狭义上的法律责任是指在国家强制执行力下法律主体的屈从,广义的法律责任是指赔偿损害的义务。④ 在行政法中"责任"(一词更多是从行政国家赔偿角度使用的,在我国大陆和台湾地区以及德国和法国的行政法

---

　* 文章受湖北水事研究中心科研项目经费资助。

　** 作者简介:沈百鑫,亥姆霍兹研究联合会环境研究中心研究员,湖北经济学院水事研究中心兼职研究员。

　① 在我国,将环境保护不力很大程度上归咎于执行不力,但事实上环境保护作为国家任务是国家立法、行政与司法共同的职责,良好的立法必须要考虑到行政执行环节与司法状况。因此尽管我国有大量环境法规但因为其立法质量有待提高也就必然影响着整个环境法律体系的实施效果。这也延伸到对于"政府环境责任"的理解,政府是指狭义的行政部门还是广义的包括立法与司法在内的相应层级的整个权力系统。

　② 这不只是在环境法领域,而是整个行政法领域的共同问题。相对于私法体系的进步,公法体系尽管在法条上复杂繁多,但宪法和行政法理论基础薄弱,实践中没有具体有效的宪法保障机制和行政司法效率。即使有宏大数量的行政法规但无可司法实践的宪法之框架就没有缜密而发达的行政法;没有大量行政司法实践,法条最终只是存于纸面。

　③ 张文显等:《法理学》,高等教育出版社 2007 年版,第 142 页。

　④ 载 http://de.wikipedia.org/wiki/hafting-(recht),2014 年 2 月 20 日访问。

教材中都没有明确的行政法上的"法律责任"概念。^①

因此,并没有一个普遍适用的法律责任定义。法理学教材中,法律责任是由特定法律事实所引起的,对损害予以补偿、强制履行或接受惩罚的特殊义务。^② 据此,法律责任是体现一定价值标准的法律规范,与具体的补偿、强制履行或接受惩罚这类特殊义务直接关联。所以,没有具体的消极后果就不是真实的法律责任规定。法律责任在一定意义上可视为是法律义务向最终真实履行义务的中间阶段,是从抽象的法定义务向更为具体的义务履行之迈进过程,比法律规定的义务更具有强制执行力。但在行政法律关系中,除行政上的私法债权、行政合同确立的请求权和行政主体之间的请求权外,出于本身的行政权威,行政机关无须法院的裁判或其他专门强制执行机关的参与,可凭自己所做出的行政行为,自行采取强制执行措施,自行实现其请求权。除非涉及行政争议,才可能有相对中立的第三人予以裁判。^③ 因此,相对人不履行行政决定的,行政主体可依法自行采取行政制裁或行政强制执行。即使我国《行政强制法》对行政机关自行强制执行外,同时还规定了"或者申请人民法院"依法强制履行,但这也只是申请执行,不同于裁判。另外根据德国行政法理论,以行政处罚为代表的执行罚不是一种处罚,而是一种督促方法,不是针对非法行为的制裁而是要求实施将来履行行为的强制手段,与代履行和直接强制执行一并作为强制执行方法。^④ 也是基于此种理论,执行罚可以多次处罚,区别于刑罚并可同刑罚同时适用。^⑤ 鉴于公法中的法律责任和私法中的法律责任(德语中分别表述为ve-rantwortung 和 haftung)的复杂性,本文倾向于将行政法上的责任规定作广义理解,包括所谓的第一性义务和第二性义务。^⑥ 因此,法律责任也与一个国家法律规范体系的完善程度有着紧密关联,权利义务规定愈加具体,法律责任体系也就更为完善。而对法律责任规定的完善程度又决定了法律的可操作性和易实践性,并决定了法律实施效力。

(二) 理解政府环境责任

另外,有必要明确"政府环境责任"的概念。它可归属于公法,其实质却不是一般法律责任,属于宪政范畴,涉及立法权限和行政权限问题以及民主负责制和行政长官负责制等问题。新《环境保护法》第 6 条第 2 款规定:"地方各级人民政府应当对本行政区域的环境质量负责",第 10 条第 1 款规定:"国务院环境保护主管部门,对全国环境保护工作实施统一监督管理;县级以上地方人民政府环境保护主管部门,对本行政区域环境保护工作实施统一监督管理。"这条实质上应该是宪法层面的规定,是对中央与地方垂直多

---

① 姜明安:《行政法与行政诉讼法》,北京大学出版社和高等教育出版社 1999 年版;翁岳生:《行政法》,台湾元照出版公司 2006 年版;〔德〕毛雷尔:《行政法学总论》,高家伟译,法律出版社 2000 年版;〔法〕佩泽尔:《法国行政法》,廖坤明、周洁译,国家行政学院出版社 2002 年版。

② 张文显等:《法理学》,高等教育出版社 2007 年版,第 142 页。

③ 〔德〕毛雷尔:《行政法学总论》,高家伟译,法律出版社 2000 年版,第 480 页。

④ 同上书,第 486、487 页。

⑤ 同上书,第 487 页。

⑥ 张文显等:《法理学》,高等教育出版社 2007 年版,第 144 页。

层级以及政府内部在环境保护事务上权限的划分,只有相对明确的权限划分才有可行的行政职责承担。另外,"企业事业单位和其他生产经营者应当防止、减少环境污染,承担污染环境、破坏生态的责任"[①],第10条第3款是环境法中的生产经营者的基本义务,它包括事先预防与事后担责是产生其他相应义务的基础,比如须经许可的义务。但法律规定,除了法律义务的约束外,同时蕴含着一定的权利内容,即"主体公权利"。主体公权利是指公法赋予个人为实现其权益而要求国家为或者不为特定行为的权能。[②] 任何主体权利的法律逻辑条件是他人相应地以客观法律规范为根据的法律义务。公法上的法律责任主要不是民事责任意义上的直接的损害赔偿,而更是对于行政机关处置的赋权。[③] 职权(政府环境责任)的实现从最根本上说还是要基于对个体权利的限制、义务性规定和对法律责任的追究。

(三) 环境法中的责任(义务)规范体系

不论是环境保护的民事诉讼还是行政诉讼或者环境公益诉讼,法律义务和责任问题都是核心,由此对环境法中的法律(义务)责任进行系统研究很有必要。根据环境保护的预防原则,环境法规定对涉及环境问题的项目需要行政审查与许可,以此预防环境损害和侵害行为的发生。因此,环境法首先致力于通过引导性和禁止性规范预防环境损害并最终保护人类健康和财产安全但当事故、违法或犯罪行为发生,造成环境损害或通过环境媒质侵害私人权益时,法律对此必须做出应对,以保障一般行为规范的实现,对此就需要规定民法上和行政法上的环境责任,甚至环境刑罚。尽管环境事后责任追究对环境保护仅具有限意义,但明确而严格的环境责任规范能防止破坏发生,而且这也是致因者负担原则的要求。因此,环境责任是一个完整的体系,是基于宪法上的基本权利义务和法律上明确规定的权利和义务,并需要由民事赔偿责任、公法上的治理(修复)责任[④]、其他行政处置[⑤]以及刑事责任相互结合。

广义上,公法上之责任包括权利人遵守公法对权利的限制规定和接受行政处置、行政制裁和刑事处罚,在本文中主要探讨对水体损害的修复治理责任。

造成环境影响者的避免与修复义务需要处于行政机关监督下,因此承担修复责任不仅是对致因人环境责任的完善,同样也是对行政机关职责的具体化。相对于民事权利主张的自主性,行政机构要求责任人承担治理责任是行政职责行为,公众一直处于监督者的地位。因此,污染责任人公法上的治理责任其实从另一方面来说是行政机关的职责,要求其对相应事实及时做出恰当的行政处置。环境保护首先是作为危险防范,优先适用

---

① 《环境保护法》修订,载全国人大网,http://www.npc.gov.cn/huiyi/lfzt/hjbhfxzaca/node_19114.htm,2014年1月29日访问。

② 〔德〕毛雷尔:《行政法学总论》,高家伟译,法律出版社2000年版,第152页。

③ Matthias Ruffert, Verantwortung und Hafting fur Umweltschadem, NVwZ 2010, S, 1177—256.

④ 治理与修复两个词在不同语境中会有不同的理解,但在本文中都是指在环境受明显不利影响后有法定义务予以恢复环境。

⑤ 在此其实可以分为三个层次:一是作为一般行政处置行为,比如做出要求停止违法行为的命令;二是行政处罚;三是由公安机关做出违反治安管理的处罚。

治安法和行政管理法。但绝对禁止人类对环境的使用是不可能的,利用环境也是人类天然的一种权利,核心在于如何使这种外部性有效地得以内化。环境作为公共利益,行政机关是环境的"守护者"。由此,欧盟《关于避免和修复环境损害的环境责任[1]第 2004/35/EG 号指令》[2](以下简称《环境责任指令》)规范的是致因人与行政机关的关系,以及第三人和环境团体协会的介入,强调污染责任人原则并规定致因人有义务避免和修复环境损害,即指令放弃了民事责任的思路转向追究致因人在公法上的责任。

二、德国有关水体污染修复责任的法律规定

(一)欧盟《环境责任指令》和德国《环境损害法》

私法上,通过改变环境媒质对他人造成身体、健康或财产损害的受害人可要求赔偿。德国早在 1957 年《水法》立法之初就规定了严格的水污染民事责任,并于 1990 年通过《环境责任法》,对环境民事责任作了总则性的规定,其具体实施仍要结合部门环境法的具体规定。保障环境侵害之私法责任,依致因者负担原则规范行为人,也能促进环境保护。通过承担赔偿责任规定,从而从经济目的出发激励人们去预防损害发生。

此外,环境损害的责任人对环境本身造成的损害也应负责,尤其是当这些环境物体不属于私人财产时。公法上的这种治理责任一直到 2007 年转化为欧盟《环境责任指令》才最终锚定在德国水法及其他环境法中。法国联邦政府通过一揽子立法在其第 1 条规定了共 13 条和 3 个附件的《避免和修复环境损害法》(以下简称《环境损害法》[3]),第 2 条对《水平衡管理法》,补充规定了第 22a 条,第 3 条对《自然保护法》作了补充。它规定应承担责任人须及时阻止造成损害的直接危险,并要求以合理费用去修复受保护的种群和自然生活空间、水体及土壤已造成的损害。根据《环境损害法》第 2 条第 1 项 b,水体的损害应依据更专业更具体的水法规定。因此《水平衡管理法》中的相应规定,是对于《环境损害法》的补充与完善。《环境损害法》中对环境损害的界定要根据部门环境法,即依《联邦自然保护法》第 19 条对于物种和自然空间造成损害的规定、《水平衡管理法》第 90 条对水体损害的规定和根据《联邦土地保护法》第 2 条第 3 款规定的因为影响土地功能造成的土地损害。责任人承担责任不仅有利于实现致因者负担原则,也将有利于落实预防原则,明确规定必须对危险防卫和排除损害负有法律责任,就会采取预防措施,以避免或减轻相关责任。

---

① "环境责任"这个词在欧盟法与德国法中也并不完全相同,在德语中民事责任用"Haftung",而在公法上更多的用"Verantwortung"(直译译为"负责"更接近),但德语中对于欧盟指令又译为"环境责任指令",因为这也是一个新制度,在欧盟与成员国理论与实践层面都在不断地完善中。

② 《欧盟环境责任指令》在 20 世纪 90 年代中就开始起草,但一直受到很大阻力,并先后以绿皮书和白皮书的形式发布过相关文件,到 2004 年颁布时,已经改变了原来致力于协调统一环境民事责任的初衷而主要侧重于环境损害的公法责任。

③ 在法规的名称上《环境损害法》其实是对于欧盟《环境责任指令》的转化,而德国《环境责任法》其实是私法性责任规定,因此不能将欧盟《环境责任指令》中的"环境责任"想当然地等同于德国《环境责任法》中的环境责任,而是基于德国《环境责任法》早在 1990 年就制定,已经约定俗成,所以在转化欧盟《环境责任指令》中使用的《环境损害法》这个名称。

《环境损害法》是为严格、完全地转化欧盟《环境责任指令》而颁布的,欧盟《环境责任指令》和德国《环境损害法》都归属于公法上的责任。[1] 它们都规定了致因责任人受行政机关监督的信息义务、危害防卫义务和修复义务,并承担相应费用,规定了职责机关的职权(也是职责)和环境团体的司法诉讼可能性。这些都不是直接针对受损害的第三人,不是第三人的请求权。[2]《环境损害法》寻求将环境损害之公法上的责任系统化构建了对涉及责任规范的环境损害都适用的框架规定,适用于水体损害、自然保护法和土地保护法中的损害。因此,在一定程度上可视为总则再通过专业法特别规定具体适用。但应当指出,即使在用词上是环境修复责任但同样重视环境保护的预防。

《环境损害法》第 2 条中对主要概念做了定义,作为核心概念的"环境损害"直接指向特殊部门法的具体规定,即不是所有的环境损害,而只是明确根据《联邦自然保护法》第 19 条规定的对种群和自然生活空间(也即自然栖息地)的损害、根据《水平衡管理法》第 90 条规定的对水体的损害和根据《联邦土地保护法》第 2 条第 3 款规定因为影响土地功能造成的土地损害。这实际上一方面对"环境损害"的内容、范围做了严格限定,另一方面,在《联邦自然保护法》和《水平衡管理法》中都规定了"显著性"的门槛,即轻微损害不在适用范围。

《环境损害法》第 3 条通过规定法律适用范围进一步做出限定仅适用于规定的经营活动所致环境损害和对损害的直接威胁。在第 3 条第 1 款中分别规定了依附件 1 需要许可的设施、垃圾场、特定水体使用和处置危险物质以及基因技术改变的组织此类特殊风险的从业行为,和除在附件 1 中没有提到的所有从业行为。对于附件 1 所列的从行为适用危险责任,即无过错责任,对于《联邦自然保护法》第 19 条第 2 款和第 3 款意义上对种群和自然栖息地的损害适用于所有从业行为,对此规定了"故意"或"疏忽大意"的主观过错要件。另外,在第 3 款对于环境损害的适用做了限定,即不适用于军事冲突和自然灾害。

根据法律保护利益受威胁的程度,当面临发生环境损害的直接威胁或损害已经发生时,责任人根据《环境损害法》第 4 条有义务立即向职责机关报告所有重要事实,即信息义务。这种信息义务可一直伴随到最后必要的修复阶段。而面临损害发生的直接威胁责任人必须依第 5 条立即采取必要的避免措施。当环境损害已经发生责任人必须依第 6 条采取降低损害措施和第 8 条规定的修复措施,具体修复措施的内容需要由职责机关根据特殊部门法和欧盟《环境责任指令》附件二的框架来确定。根据第 7 条行政机关应监督在第 4、5、6 条中规定的责任人相应义务,但行政机关有一定的自由裁量权。根据第 9 条,责任人承担相应费用,或者自己实施相应措施,或者由职责机关主持相应措施,再由责任人偿付。这条规定是环境破坏者承担原则的进一步具体落实,而且没有数额限制。依《环境损害法》,实施修复义务是污染责任人的义务,针对行为人对相应义务的不作为可依职权或者由相关人或所认可的环保组织向职责机关提

---

[1] M. Kloepfer, umweltschutzrecht, 2, Aulf. Munchen: Verl. C. H. Beck, 2011, S. 143.

[2] Ibid. , S,144.

请,由职责机关做出行政处置。

(二) 德国水法中的修复(治理)责任

德国联邦《水平衡管理法》第三章第八节《改变水体之责任》只包含两个条文,分别为:改变水质之责任(第 89 条)和水体损害之修复(第 90 条)。[①] 对环境民事责任,德国于 1990 年颁布了《环境责任法》;而对公法上的环境损害责任,也于 2007 年转化欧盟《环境责任指令》,而制定了《环境损害法》。第 89 条为私法上之责任,规定了"改变水质之责任"共两个条款。[②] 第 90 条则为公法上之责任,规定"水体损害之修复",共 3 款:"(1) 在《环境损害法》意义上水体的损坏是针对任何一种:① 地表水体或沿海近岸水体的生态或化学状况。② 人工的或明显改变的地表水体或沿海近岸水体的生态趋势或化学状况。③ 地下水的化学和水量状况,有着明显不利影响的损害;对第 31 条第 2 款以及第 44 条或第 47 条第 2 款第 1 句所适用的不利影响除外。(2) 根据 2004 年 4 月 21 日欧共体议会和理事会《环境责任指令》附件 2 第 1 项,其通过第 2006/21/EG 号指令被修订,根据《环境损害法》责任人导致水体受损,需采取必需的修复措施。(3) 关于水体损害或其余侵害和其修复的其他规定不受影响。"《水平衡管理法》第 90 条是部门环境法对《环境损害法》的实体性要求予以补充补充了水体损害的概念(第 1 款)和水体修复的要求(第 2 款)。

就水法而言,《水平衡管理法》第 90 条规定对特定水体损害的公法上之责任,是对第 89 条规定之民事责任的补充。本条规定需要依据《环境损害法》中责任事实构成、责任人义务、职责机构职权、费用承担和概念定义以及相关人和经认定的团体协会之参与权和法律救济权规定。相对于大量的水体损害民事司法实践,公法上的水体损害责任司法案例还没有重要的实践。

1. 水体损害的认定

《水平衡管理法》第 90 条第 1 款规定,对地表水体或沿海水体的生态或化学状况对人工的或明显改变的地表水体或沿海近岸水体的生态趋势或化学状况,或对地下水的化学和水量状况造成明显不利影响的损害[③],即可依《环境损害法》第 2 条第 1 项认定属于本法意义上水体的损坏。从环境保护的角度,治理责任只针对"生态损害"或者说"公共环境损害",但不是所有的损害都属于《环境损害法》的范围,而只是那些造成明显不利影响的损害。认定损害程度是判断作为责任人并引发相应义务的关键,判断"明显性"是实

---

① 在《水平衡管理法》整部法规条文中都使用"水体不利(或有害)改变"的表述,而不用"水体污染",这一方面体现了用词上的严谨性,污染往往只是强调结果,而且是较为严重的结果,而水体改变可以表示不同程度的变化,另外也可用于水量改变或水生态状况的改变;另一方面也就正基于此体现了德国水法适用的严密性和完整性,针对所有的水体改变实施监管。

② 具体规定:① 向水体倾倒或排人物质者或以其他方式作用于水体且由此导致水质不利变化者有义务赔偿由此对其他人造成的损失。当有多人对水体造成影响,他们作为共同责任人承担责任。② 当从作为生产、加工、置放、储存、运输或传输物质的设施中,这种物质除被倾倒或排人外进人水体且由此水质发生不利的变化设施的经营者有义务赔偿由此对其他人造成的损失。第 1 款第 2 句同样适用。当此损失因不可抗力造成,不产生赔偿义务。

③ 本款其实也是《欧盟环境责任指令》第 2 条第 1 项下 b 目中的水体损害定义在德国法中的转化。

践中较难的问题。在此《欧盟水框架指令》和德国《水平衡管理法》中的管理目标都起着重要影响,对实现环境目标实际造成威胁的,其受重视程度就要多一些,因此第 90 条与具体的水体管理目标密切相关。[①]

对水体损害的认定,不仅要依照第 1 款所规定的特征,同时还要根据《环境损害法》适用范围内,即并不是所有的水体明显不利变化都需要根据第 90 条承担责任的,而必须同时依照《环境损害法》才能确定作为责任人的法律后果。水体修复责任只对从业活动,按第 2 条第 4 项定义,是指在经济活动、经营或企业范围内从事的活动,不论其是私人或公共性质、是否有盈利特征。这意味着,第 90 条仅适用于《环境损害法》附件 1 中所列举的从业活动,而不适用于其他的从业活动和私人行为,比如农业面源污染、私家车的油污泄漏、家务和兴趣爱好活动中导致的一些水体污染。[②] 在附件 1 中第 3 项到第 6 项定了水体相关的从业行为,分别是依水法须经批准的有害物质倾倒、排放和其他带人地表水体、地下水行为,须经批准的取水行为,以及须经批准或按规划的地表水体截蓄行为。根据欧盟《环境责任指令》制定原则中第 13 项和德国《环境损害法》第 3 条第 4 款,尽管能确定环境污染与具体行为人之间的致因关系,但对于已经长期积累且不能明确界分的污染不能由现在某个具体的行为来完全承担这种治理责任。

另外,第 90 条根据欧盟《环境责任指令》第 2 条第 6 项同样适用于经过许可和批准的取水行为,即许可和批准不是公法上治理责任的免责理由,这与传统的公法上之责任不同。[③] 同时根据《环境损害法》第 3 条,对于附件 1 中所列的从业行为在水法上的责任认定并未要求主观条件。区别于民事责任,在第 90 条中水量改变导致的生态不利影响属于本条中的水体环境损害。损害不仅是指水体直接或间接的不利变化,也包括功能受影响,而且这种后果是可以科学认定的。根据第 90 条对于地表水体、人工地表水体和地下水,其判断因素是有一定区别的,这可以依据欧盟《水框架指令》的规定。

2. 水体损害的法律后果

一旦确认是水体损害的责任人,就需要承担法律后果,依据是《环境损害法》规定的信息义务(第 4 条)、危险防卫义务(第 5 条)以及损害限控和修复义务第 6 条。依《环境损害法》第 2 条的集中定义,信息义务是指水体损害责任人应当及时向职责机关报告实际情况中的所有重要信息,包括可能涉及商业机密的问题;危险防卫义务是指及时采取必要防护措施,指在水体环境损害的直接威胁下,为避免损害或使其降至最小所采取的措施修复义务其实包括两方面,即要求及时采取损害限控(防止损害扩大的措施)和修复措施;损害限控是指所有为限止或避免其他的环境损害和对于人类健康的不利影响或对环境功能的其他影响,而及时控制、制止、消除或以其他方式处理所涉及的危害物质或其他的损坏因素之措施修复措施是指为依专业法中的规定修复环境损害而采取的措施,其中"专业法中的规定"依第 10 项定义,即是指依《水平衡管理法》《联邦自然保护法》和《联邦土地保护法》以及依此而发布的相应行政法规。而《水平衡管理法》中的修复措施,即指

① Petersen, 90, WHG, in Landmann/Rohmer; Umweltrecht, 66. Erganzungsleferung 2012. Rn. 27.
② Ibid.
③ Matthias Ruffert, Verantwortung und Hafting fur Umweltschadem, NVwZ 2010, S, 1177—256.

按第 90 条第 2 款的规定,而它又指向欧盟《环境责任指令》附件 2 第 1 项。

责任人对上述法律义务的履行,并不必然依赖于相关行政机关的行政命令,但法律还是需要授予行政机关相应的职权,从而保障责住人切实履行相关义务。[①] 相应的,《环境损害法》第 7 条规定了职责机关对责任人义务与职权,行政机关负有监督和命令责任人采取措施的行政职责。在第 8 条到第 11 条中分别规定了确定修复措施的程序性规定、费用承担以及重大利益相关人和经认可的团体协会的参与权和诉讼权。相关人和根据《环境救济法》第 3 条所认可的特定团体协会有权依第 8 条第 4 款提出意见,以及根据第 10 条和第 11 条规定了参与权和法律救济权。第 10 条规定,职责机构不仅可以根据职权执行修复义务也可以根据相关人或特定团体的申请而行动,而根据第 11 条第 2 款可以对职责机关的决定或不作为按《环境法律救济法》提出法律救济,这对德国传统的基于"个人权利"的司法诉讼[②]带来重大挑战。这里的相关人只针对受到环境损害不利影响的人而不仅指所有权人,也可以是使用权人。因此,尤其是相邻关系人在有实际损失情况下,可以主张民事上的损害赔偿但当其利益受到明显的威胁时它也可以要求行政主管机关作一定行政行为,要求环境损害责任人履行相应的义务。另外,对于损害行为的举证需要由职责机关来进行。《水平衡管理法》第 90 条没有对此作详细的规定,但根据本条第 1 款,水体损害责任人的义务与行政机关的职责都是在《环境损害法》规定的相应框架内的。

3. 实现修复措施责任

第 90 条第 2 款规定了水体损害责任人必须要依欧盟《环境责任指令》附件 2 第 1 项规定采取必要的修复措施。欧盟《环境责任指令》附件 2 规定了环境损害的修复,它提供了成员国进一步规定修复环境损害的法律框架。指令中对于环境损害的法定概念包括种群和生活空间、水体和土地三个方面,附件 2 第 1 项针对水体和受保护的种群和自然生活空间,第 2 项针对土地,分别规定了修复措施的具体要求。根据附件 2 第 1 项,针对水体损害的修复,根据对所采取的修复措施的要求,《环境责任指令》附件 2 第 1 项区分了"优先完整修复"和"补充修复"以及"补偿修复",保障受损水体恢复到事发先前的状态,并对于修复措施的确定和选择有具体规定。优先修复是指使受损坏的水体及其受影响的功能完全或十分接近恢复到先前状态的修复措施;补充修复方法是指,当优先修复方法不能使得受损水体及其受影响的功能完全恢复时,应当采取用以弥补优先修复方式不足的补充措施而补偿修复方法是指为补偿在损害发生到完全修复期间发生的资源或功能损失而应当采取的措施。三者间的关系是,当优先修复不能使得环境恢复到其先前状态,就需要接着实施补充性修复,而为弥补修复过程中的失去,需要采取补偿措施。同时,附件还对修复措施的选择、确认规则和程序做了明确规定。

根据《环境损害法》第 9 条责任人应当承担所有费用,这是作为法律责任的核心。责任人或者自己支付相应措施的费用,或者由行政机关指定其他人实施相应措施后,行政

---

① Petersen, 90, WHG, in Landmann/Rohmer: Umweltrecht, 66. Erganzungsleferung 2012. Rn. 27.

② 沈百鑫:《德国环境法中的司法保护》,载《中国环境法治》(2011 年上卷),法律出版社 2012 年版,第 196—218 页。

机关再要求责任人承担此费用，而且对此费用没有金额上的限制。费用是指有序和有效实施本法规定所必要的支出，包括评估环境损害、防治此类损害的直接威胁、替代性措施以及行政或程序性费用和实施措施的费用、数据收集的费用、其他的共同费用和监管监控的费用等。而对于共同责任，根据第3款按民法上的共同债务规定。另外，避免措施和修复措施的资金保障也是实施环境损害治理制度的相关制度保障。但根据欧盟《环境责任指令》，环境损害保险或其他有效的市场机制可由各成员国规定。

4. 与其他责任规范的关系

第90条第3款的规定实际上表明了，它是对现有责任体系的补充。欧盟《环境责任指令》原则性说明第14项明确指出："指令不适用于人身侵害、私有财产损害和经济损失，与此等损害相关的请求权不受影响。"它也表明了与第89条水体污染责任的关系。第89条和第90条同归于《水体改变之责任》这一节，对于它们之间关系的理解需要从《环境责任法》与《环境损害法》之间的关系出发。私法责任是平等民事主体之间的关系，而公法上的责任，即使当有相关人和环保组织参与时，行政机关也是必不可少的，责任人的信息义务、危害防卫义务和修复义务都是指向行政机关的。在德国环境司法实践中，环境民事责任是主要形式，对于转化欧盟《环境责任指令》而实现的公法上责任只是在此基础上的补充，从外部性理论上理解也是如此的。加之德国较为完善的行政法律制度和较高的环境保护标准，预防是环境保护优先原则，而公法上的责任只是对违法行为或者环境法规的漏洞情况下规定的最后防线，到达此阶段的案件还是相当少的。

此外在具体内容上，第89条和第90条还有四个方面的不同：第一，第89条对于损害的严重性没有程度上的要求，而第90条就要求造成明显的不利后果。环境民事侵权责任不以环境损害为前提条件。比如一个符合排放标准的废水排放口，可以造成一定距离范围内的特殊敏感鱼类死亡，依无过错责任原则，排放人承担赔偿责任，但这个废水排放行为可能不符合环境损害的严重性程度标准，因此就不需要承担公法上的责任。第二，两个法条中"设施"的概念内涵是不一样的，第90条中规定的设施概念局限于《环境损害法》附件1中规定的设施，范围远小于第89条第2款中甚至可以指装载危险物品器具的设施概念。第三，第89条是针对与私人相关的财产损害主张赔偿，而第90条中的环境损害通常是针对没有法定个人相关性的生态损害，因此个人不能主张赔偿权。第四，对于依法正常经营下的事故处理也不同，第90条适用于虽正常经营但仍发生事故造成的水体污染，而第89条第1款要求具有一定目的并指向水体的行为，因此不可抗力事故造成的水体污染一般不产生赔偿责任；而第89条第2款也不要求一种有目的之与水相关的行为，因此不可预见的和不可控制的水污染事件仍会导致责任。在事故情形下，对于私人利益通过第89条第2款来主张人身伤害、私人财产损失或者经济上的损失，而第90条不影响这些权利主张。

三、我国法律对水体损害之治理责任的规定

(一) 民法上的规定

首先,很有必要讨论一下《物权法》第 90 条的规定。该条规定,"不动产权利人不得违反国家规定弃置固体废物,排放大气污染物、水污染物、噪声、光、电磁波辐射等有害物质。"它规定在"相邻关系"这一章里,但如果没有这个章节背景的限制,这条规定可以视为所有权的一般规定。所有权并不是绝对的,一切私权皆有社会性,不论从私益或公益的角度,所有权的限制都基于法律保留。这也是法治国家的基本原则之一。从相邻关系对不动产权利人提出限制只是私益限制的一个方面,其他比如从禁止权利滥用、自卫行为等角度,现代民法肯定所有权的可受限性。而从公益的角度,大量的行政法规从保障国家公共利益和社会共同利益的角度对所有权进行限制。① 因此从环境污染治理责任的角度出发,这里的"不得违反国家规定",也可以理解为是公法,特别是行政法规定了不动产权利人遵守相关环境保护义务的规定。遗憾的是,这条规定在"相邻关系"一章中,法律解释就受到这个前提的限制。如果规定在所有权一般规定中,则将是对于环境治理责任的很好的民法衔接。

其次,在诉讼法的层面上,《民事诉讼法》经修改规定了民事公益诉讼制度,对污染环境、侵害众多消费者合法权益等损害社会公共利益的行为,法律规定的机关和有关组织可以向人民法院提起诉讼"。但在理论与具体操作层面都有待细化和完善,尤其是构建民事与公益之间的关系,因为在现有《民法通则》《物权法》和《侵权责任法》中都没有相应的责任规定。更值得期待的是《行政诉讼法》的修订,从现公布的修正案草案来看,受案范围中强调行政机关侵犯依法享有的自然资源所有权或使用权,对原告资格除具体行政行为相对人外增加其他利害关系人,以及细化第三人制度等方面都将为环境法的司法保护提供更广泛的空间。

(二) 《环境保护法》的规定

另外,需要考察我国《环境保护法》中的法律责任(义务)规定。该法第 6 条规定"一切单位和个人都有保护环境的义务"。保护环境的义务是一种基本义务,一旦不履行此义务而产生的法律责任,即可以包括私法和公法上的环境法律责任。除了对污染环境和破坏生态行为有权举报外,第 57 条第 2 款还规定了对不依法履行职责部门的举报,同时在第 3 款中明确规定了"企业事业单位和其他生产经营者应当防止、减少环境污染和生态破坏,对所造成的损害依法承担责任。"对此"责任"的理解,应当不仅包括损害赔偿在内的私法上的责任,也包括环境污染治理与修复在内的公法上的责任,以及行政处罚和刑事责任。但在"负责"与抽象的"责任"之间更需要具体的制度规范。

而在更为具体的《法律责任》章节中,却无法找到环境修复责任的影子。也就是在修

---

① 梁慧星、陈桦杉编:《物权法》(第 2 版),法律出版社 2004 年版,第 121—122 页。

订后的《环境保护法》中依然没有明确提出环境损害修复责任。

同时综观修订后的《环境保护法》，在第 30 条第 1 款规定："开发利用自然资源，……依法制定有关生态保护和恢复治理方案并予以实施。"这也不同于修复治理责任。另外在第 32 条宣言式地规定了：国家加强对大气、水、土壤等的保护，建立和完善相应的调查、监测、评估和修复制度。另外，在法律责任章第 61 条关于环境影响评价方面的法律责任中，规定了"并可以责令恢复原则"，对此"恢复原则"有类似治理修复的意思但又没有更具体的规定。而在《环境保护法》修订前的第 44 条规定了"违反本法规定，造成土地、森林、草原、水、矿产、渔业、野生动植物等资源的破坏的，依照有关法律的规定承担法律责任"，这条是与环境治理责任最相近的规定。曾在二审修订草案中仍原封保留。这也暗示着这条规定的重要性，但同时对本条规定的修改却又乏力。但这里的"违反本法规定"，没有具体的条文指向，这种规定必定是无法得到有效执行的。而且就这个条文规定而言，承担什么样的法律责任也无从知晓但本条可作为兜底性条款可以包括除本法明确规定的法律责任外的其他任何法律责任类型，包括刑事责任。

（三）《水法》的规定

在《水法》第七章第 64—77 条中规定了法律责任，更多是按照不同行为方式进行的责任明确，并没有按照不同的责任形式进行归类。该章在法律逻辑结构上并不很清晰。其中第 72 条和第 76 条涉及水事民事责任，而对修复治理责任（义务），在多个不同条文中零散地可作字面解释，在第 65—72 条中规定：责令停止违法行为、限期拆除违法建筑物排污口）、恢复原状、强行拆除、责令限期改正、采取（其他）补救措施这几种行政处罚。它们与治理责任都有着一定的关联，但又与治理责任并不完全相符，尤其是对于"恢复原状"和"补救措施"的理解是否包括对水体损害的修复，这在实践中是有疑问的。当环境法整体上没有提出修复（治理）责任时，对于上述这些行政行为就没有明确的目标导向。

另外，除了在第七章中的规定外，在第 31 条第 1 款规定了"从事水资源开发、利用、节约、保护和防治水害等水事活动，应当遵守经批准的规划；因违反规划造成江河和湖泊水域使用功能降低、地下水超采、地面沉降、水体污染的，应当承担治理责任"。第一分句规定了一般水事行为与水事规划的关系，第二分句规定了承担治理责任。此处明确提到了治理责任，但没有明确这是私法上的责任还是公法上的责任，从字面上来理解，造成使用功能降低、地下水超采、地面沉降、水体污染，这些更多的是强调了公共环境利益的损害。而对于如何承担治理责任却没有进一步具体的规定。另外，值得进一步思考的是，即使遵守已获批准的规划，但仍然造成相应损害后果的是否应当承担治理责任？对于公共利益可能是一个利益权衡和功能补偿的问题。但如果与第 2 款一起整体来考虑，在第 1 款中没有明确规定，而第 2 款规定"开采矿藏或者建设地下工程，因疏干排水导致地下水水位下降、水源枯竭或者地面塌陷，采矿单位或者建设单位应当采取补救措施；对他人生活和生产造成损失的，依法给予补偿"，第 1 款是否表示按规划进行的水事活动就不存在治理责任的问题那就值得探讨了，是否涉及民事责任问题也值得疑问。针对影响地下水而造成危害与损失的，明确规定"补救措施"并且"对他人生活和生产造成损失的，依法给予补偿"。当不存在对私益侵害时,补救措施就是公法上的责任,但因为没有具体可操作性的程序与权利义务规定,实践效果也就不得而知。

(四)《水污染防治法》的规定

《水污染防治法》第5条规定:国家实行水环境保护目标责任制和考核评价制度,将水环境保护目标完成情况作为对地方人民政府及其负责人考核评价的内容。它不是实际意义的法律责任,仅是法律化政治责任①,在政治责任的社会实现方面,我国与西方社会相差很大,西方民主制国家多通过多党制和民主选举制来最终保障政治责任的落实,我国现主要通过行政长官的政绩考核与问责制来实现。在信息不对称的情况下,公众或者政绩考核部门要想实现这种问责制的有效性面临着困难。

除了这种纵向中央与地方的权限职责划分,还有横向的、在同级政府部门间的管理权限与职责的划分。在水污染防治上这种划分尤其复杂,《水污染防治法》第8条规定了"县级以上人民政府环境保护主管部门对水污染防治实施统一监督管理",海事管理机构、水行政、国土资源、卫生、建设、农业、渔业等部门以及重要江河、湖泊的流域水资源保护机构,在各自的职责范围内,对有关水污染防治实施监督管理。但在具体管理和监督问题上,各自职责范围是什么,是怎样划定的,法律没有进一步规定。另外,统一监督管理与各项监督管理的关系是什么?法条的不明确必然带来实践中的许多具体问题。② 尽管国务院的三定方案能有一些帮助但如果在法律上不能得到明确,三定方案肯定也无法解决,且会带来许多政策上的不确定性。

《水污染防治法》的第七章规定了法律责任,其中第74、76、80、83条都规定有"限期治理",而且后三条规定了"消除污染"。对于限期治理的理解,根据第76条第1款第二分句规定了"代为治理",与环境损害的代为修复很接近。从总体上来理解,与治理责任近似的是第76条、第80条及第83条中的"消除污染"的规定。"消除污染"与修复治理责任十分相近,但因为对"消除"和"污染"都没有法律定义和司法解释,实践适用情况不得而知。另外,这三条都规定了在不采取治理措施时的代履行以及并处罚款的规定。

四、德国法律规定对我国法律的借鉴意义

(一)治理(修复)责任在整个环境法体系中的地位

首先,基于以上对现行法律的梳理,不管是环境民事赔偿责任还是行政法中的处罚规定及环境刑罚,行为人只是部分承担了自己行为的后果,而环境破坏却往往已经发生且得不到修复。不履行法律规定的义务承担法律后果当然重要,但在一个有序的社会

---

① 姜明安:《政治责任是否应当法定化》,载 http://www.china.com.cn/book/txt/2009-11/12content,2013 年 9 月 20 日访问。
② 翟勇:《对修改后水污染防治法结构及主要内容的理解》,载中国人大网,http://www.npc.gov.cn/npc/xinwen/rdlt/fzjs/2009-09/27/content_1520402.htm? 2010 年 9 月 15 日访问。

中，更应该以守法为主流，而且在环境法中尤为强调预防原则。因此在环境法中，环境法律责任与环境规划机制、环境影响评估机制、行为直接调整机制（包括公示义务、登记义务、许可、豁免、特许、干涉措施、预防、环境义务等）、行为间接调整机制（包括国家的环境信息保障、环境税费机制、环境补贴、环境协议与协调、目标制定）、企事业环境保护机制（包括环境责任人、环境认证、环境监测和企业环境信息制度）一起组成环境法的基本制度。

其次，公法上的修复（治理）责任是对现有责任制度的补充。如果环境法对因环境问题受损害和威胁的私权益都无法提供完整、合理和有效的法律保护，那公众的环境权益的保障将更不可能。在此基础上，环境法不仅是为了追究环境损害者的责任[①]，更是要实现一种有效的环境保护[②]。为保障民事权益和社会安全和秩序，法律需要对破坏包括水体在内的环境之行为规定相应的法律后果。修复责任并不是一种新的义务，而是一种新的概括或提法，该规定要求损害责任人对受损害的自然环境予以修复。修复责任同样是基于保护公共利益，不管是从公共财物安全和健康还是代际公平角度理解，这种公共利益都越来越引起重视。这种责任不像民事损害和危及公共秩序和安全的行为，它在利益冲突上来得直接和有针对性。另外，我国水法规定的行政相对人承担法律责任的情形，都是有主观过错的行为，但修复责任不只适用于有主观过错的行为，同样也适用于事故、故障等无关主观过错的法律规定的事实，由此修复责任将有利于加强环境保护。

最后，对不履行治理责任义务的行为，也会规定直接的法律后果，以其他行政处罚和治安处罚甚至刑事责任为保障措施。治理责任可以与民事责任、行政罚款以及刑罚一并承担，在一定程度上治理责任比现有的行政处罚和治安处罚更针对环境损害的外部性问题。

同时，治理责任是受到多方面严格限制的。人类在利用环境资源的过程中都会产生未知的风险和危害，但是否可认定为损害，不仅取决于行为性质和事后结果的判断，同样也取决于社会公共政策发展规制这种风险的严格程度和执行实施的有效性。从欧盟对治理责任的规定来理解，其保护对象只局限于水体、物种与栖息地和土地，而不针对大气和噪声，但欧盟《环境责任指令》原则性说明第点也明确指出，治理责任同样适用于通过空气导致的水体、土壤以及生物多样性和自然栖息地受到的损害。对此，大气只是作为作用路径而不是作为保护对象。同时需要承担治理责任也限制在明确所列的从业行为内，另外也要根据各国的保护水平来判断是否具有"明显"的损害程度。

（二）私法责任与公法责任的相互补充

从法律发展来理解，只有当原来的法律不足以保障当时的社会秩序时，才产生新的法律制度和部门来应对新的社会问题，作为对原先法律秩序的补充。所以现代环境法的产生是基于传统权利保护机制的不足，一方面是新的科学技术带来的挑战，另一方面是

---

① 柔化环境法中的行政处罚，而强化环境法中的民事责任与治理责任，对环境法的发展更为有益。对环境行政处罚的柔化可参见程雨燕：《环境行政处罚的立法方向》，载《南京大学法律评论》（2012 年春季卷），第 219—235 页。

② Matthias Ruffert，Verantwortung und Hafting fur Umweltschadem，NVwZ 2010，S，1177—256.

市场制度失灵,所以一开始就是强调了公共权力对于私法权利的干预。环境法是一个以任务为导向的法律部门,即如何更有效保护环境。即使为更经济地保护环境也需要出于有效性来考虑的,而符合市场经济的方法往往意味着更经济和更易于贯彻实施。处于整个法律体系中的环境法,私法上的义务与责任还是基础性的,公法调控也是基于私法上的权利与利益,公共部门的参与并不是完全改变原本私法上的权利与利益,而是作为调控与稳压器的作用。环境法创造的新平衡机制在责任机制上可以包括两方面:一方面是关于重新调整传统私法权益保护中的平衡点,即建立特殊的环境侵权归责和举证及因果关系认定制度;另一方面是关于无法完全纳入私权的公共利益创新制度。公法上修复责任在一定程度上就是因为环境相关的公共福祉无法私有化,因此由国家机关作为公共利益的代表。环境修复责任强调的是特定环境损害责任人有义务停止侵害、防止危险和修复,并授权行政机关予以监管和相关利益人和环保组织的监督参与。

在私法责任法律关系中,主体之间是平等的,而在公法上的责任关系中是责任人与主管行政机关之间的行政关系,正如德国《环境损害法》第 10 条指出的,对于环境损害的修复,行政机关可以基于其行政职权做出,也可以是基于相关人和特定环境团体的申请。在此,相关人或特定环境团体并不与公法上的责任发生直接法律关系。这条规定也是与《环境损害法》第 8 条第 4 款规定的行政机关有向第 10 条中的相关人和特定环境团体对计划中的环境修复授知(不仅是告知,而且是详细传授)的义务,相关人和特定环境团体对此有权表达意见。依此规定,行政机关的职责履行是受到相关人和特定环境团体监督的。

(三) 反思我国行政法规中的法律责任章节

在德国行政法理论与规定中,并没有有关法律责任的单独章节。即使在水法中专节规定了"改变水体之责任",它是作为对水体管理的一种制度而存在。其实民法规范与刑法典同样也没有单独的法律责任规定,但为什么在我国行政法中会有这种单独章节的法律责任规定?粗浅地理解,这一方面与我国一直存在的权力本位与官僚主义有密切关联,致使行政法强调行政相对人的违法责任,而对行政权力的合理性基础与界定以及行政权侵犯民事权利的保护规范没有给予应有重视。另一方面,对行政法中法律责任的理解也值得反思,它是公务员责任、国家赔偿责任、行政相对人违法责任、民事责任、刑事责任的混合。只有当部门法中的相应责任与一般法相比有特殊性时,违法责任规定才有意义,而对于公务员责任、刑事责任一般不具有因不同行政机关与行政行为的特殊性,在德国部门行政法规中没有见到这种集中规定。因此,尽管我国行政法明确地标识了"法律责任",但却没有把行政机关在依法行政中真实需要的行政法上的责任义务制度予以重点规定,而是罗列了一些其他国家机关(比如公务员监督管理部门、检察院)的"法律责任"规定。

而对行政法律关系中的环境保护义务(责任)人的违法责任规定则置于具体行政法律规范之后更为明确,因为对违法责任的执行其实是行政机关的一种行政处置方式,而且在条文结构上也更简洁,不需要就同一适用条件在法律责任章节中再重复。同时,在德国《水平衡管理法》第 100 条第 1 款第 2 句规定了:为防止或排除对水平衡的影响或保障法律规定的公法上义务之履行,管辖机关依行政裁量对特定情形所必要的措施做出裁定。这是一条对管辖机关的整体性赋权规定。行政机关实施职权行为,对行政机关而言是其职责,但对于行政相对人而言,又是其法律责任,在不履行法律规定义务下,必须因不履行义务而承担由行政机关做出裁定的相应措施要求,比如停止运行相关设施、排除妨碍等裁定。这个总体性的规定其实也包括了职责机关依第 90 条要求实施水体损害的修复之行政处置。另外,第 103 条第 1 款规定了共 20 项相应法条中(都是明确指出前面相应条款)的故意或过失行为依治安处罚处理,在德国治安处罚主要是指罚款,在第 2 款分不同情况按两个档次规定了罚款,分别是最高一万欧元和五万欧元。

(四) 政治问责制和强化治安处罚

环境保护的有效性与国家的组织制度密切相关,自上而下的权力分配或者自下而上的权力合理性认可对治理效率影响深远。从政治责任的层面上来说,环境保护作为国家任务,如果没有有效责任机制,环境治理将得不到改善。从国家机构层面的责任机制而言,立法机关并不能高高在上地只将责任机制推给执行机构,良好的环境立法是实现系统性治理环境问题的起点。实践中经常会强调环境法实施不好,但环境立法更值得反思,缺乏体系性和可操作性的法律使得人们对于法律义务和违法责任都缺少对行政机关行为的可预期性。同时,对于行政首长负责制的实施与执行不应有所期待。它是政治问责制,与法律无关。在我国这样一种只向上负责的体制下,环境这种下层的民生问题,只有在迫切地危及政权存亡时,才会抛出所谓的红线制度,很难产生一种向更高目标的追求。也正因为它不是法律责任,所以这种制度也是不稳定的。另外,我国法律中也规定有恢复原状和补救措施,但因为没有系统性支持就缺乏可操作性,现有的规定基本无法实现。欧盟《环境责任指令》和德国《环境损害法》其实是对于修复责任权利义务的框架规定,它提供了一套基础性的制度平台,使得法条具有一定的可操作性,与部门环境法结合即可实现责任规定。

强化环境保护法律责任还可以考虑以下几方面:首先,要强化环保机关的责任与国家赔偿制度问题。在德国行政法中的行政责任更多是强调了与传统民事赔偿责任相类似的国家赔偿责任,[①]比如在行政审批中,公务人员有违法行为造成环境民事侵害和环境损害的,国家应当对此承担赔偿责任。而对公务员责任的强化不是在环境法中规定特殊的公务员责任,而是在具体的环境保护规范中,对行政机关的职责与职权进行细化,对现有大范围的"自由裁量权"加以限制,这其实是对于公民权利的保护,尤其是对环境规划、环境许可中的相关利益第三人的权利保护。行政机关所谓的行政职权在一定程度上是在原有的私权之间进行的平衡,只不过在时间(比如规划)与空间上比如流域审批有了更大的跨度。当然这也同时需要行政程序法和行政诉讼法的进步。其次,从一般性义务规定到行政处罚,然后到刑事责任,这中间很有必要强化治安处罚的规定。普通行政机关

---

① 刘兆兴等:《德国行政法——与中国的比较》,世界知识出版社 2000 年版,第 291 页。

与一般行政法,从保障型国家的角度来说越来越强调促进公共福祉方面,而督察机关是从防卫危险角度来维护公共安全与秩序。[①] 一般行政机关与警察机关在处理环境污染事件上,会有不同的责任和制裁强度。我国《治安管理处罚法》第 58 条规定:"违反关于社会生活噪声污染防治的法律规定,制造噪声干扰他人正常生活的,处警告;警告后不改正的,处二百元以上五百元以下罚款。"从罚款上来说环境污染中的罚款比一般治安处罚要高,但治安处罚中还有人身强制的行政拘留。尽管理论上对于行政处罚与治安处罚之间的关系以及环境污染案件中适用行政拘留的意义仍有待探讨,但从我国现实立法情况和实践来看,将责任进一步体到个人,在环境刑事制裁不足的情况下,严格治安处罚会有利于环境保护。这却又体现出了我国行政强势却又无权威的两难困境。

综上,还有待对政治责任、行政责任、行政机关的责任、行政人员(公务员)责任以及国家赔偿责任之间的关系进行深入梳理。

(五)制定综合的《环境责任法》

在环境损害修复责任上,德国法不仅有《环境损害法》作为基础框架,而且在部门专业法上也有对应的详细规定,而我国法律只是简单规定了几个模糊概念,没有进一步规定。尽管在我国民法上有《侵权责任法》的规定,而《环境保护法》又通过新修订,但在环境民事责任的实体性规定上和环境修复责任的框架性和实体性规定方面,都依然缺失。如果不能对因环境不利变化导致的私法权益和在现有法律规定下无法个体化的公共利益给予真实有效的合理保护,那就迫切需要制度创新。欧盟因为其不同于主权国家的超国家联盟形式最后放弃制定统一的环境民事责任转而制定了以修复责任为核心的《环境责任指令》。德国早在 1990 年就制定了民事的《环境责任法》及于 2007 年转化欧盟指令而颁布《环境损害法》——这于我国则可视为在立法上的后发优势,集中制定综合的环境民事责任和环境损害修复责任的《环境责任法》,它一方面应当与《侵权责任法》中第八章"环境污染责任"进行衔接,但应更为具体,同时又是其他部门环境法的总则性规定,对此可参照德国的《环境责任法》的规定。另一方面很有必要规定环境损害修复责任,即参考欧盟《环境责任指令》和德国《环境损害法》的规定,但这同样是需要通过部门环境法的再具体补充才能完全实现。尽管《环境保护法》才刚刚修订完成,但如果出于环境保护的需要,新的修订仍当提上日程。

---

① 刘兆兴等:《德国行政法——与中国的比较》,世界知识出版社 2000 年版,第 291 页。

日本地下水保护的立法实践及其借鉴[*]

王国飞[**]

  水是生命性资源、资源性资源、基础性资源、战略性资源和核心资源[①],堪称生命之源、生产之要、生态之基。[②] 地下水是水资源的重要组成部分,其具有补给地表水、调节气候、促进工农业生产、维护人体健康和生态平衡等诸多功能。[③] 目前,一些发达国家和国际组织非常重视地下水的立法工作。日本就是其典型,其通过地下水混合立法方式努力遏制国内的地下水超采、利用浪费、水质下降、污染破坏,以及因地下水超采引起的地面沉降等现象。相比较而言,我国因工业污染源、农业污染源、生活污染源、自然污染源而引发的地下水污染呈恶化趋势[④],并成为制约我国经济社会发展的重要瓶颈。现实中,地下水污染问题往往具有较强的隐蔽性、累积性、不易发觉性和影响的深远性等特征,其治理尚存在法律踏空窘境[⑤]。因此,研究日本地下水立法实践将对我国地下水立法的完善具有借鉴意义。

一、日本地下水保护的立法实践

  日本关于水资源管理的专门立法最早可追溯到 1896 年的《河川法》。现行的《河川法》于 1964 年颁布,后曾多次被修订并适用至今。[⑥] 以流域为单元的综合管理、主管部门

  * 基金项目:本文是湖北水事研究中心项目(2015B011)的阶段性科研成果。文章受湖北水事研究中心科研项目经费资助。
  ** 作者简介:王国飞(1985—),男,汉族,陕西咸阳人,中南财经政法大学法学院博士研究生,湖北水事研究中心兼职研究员;研究方向:环境法学。
  ① 李雪松:《中国水资源制度研究》,武汉大学出版社 2006 年版,第 1—5 页。
  ② 国务院:《关于实行最严格水资源管理制度的意见》(国发〔2012〕3 号)。
  ③ 黄德林、王国飞:《欧盟地下水保护的立法实践及其启示》,载《法学评论》2010 年第 5 期。
  ④ 有学者将我国地下水污染源分为工业污染源、农业污染源、生活污染源、自然污染源四类。详见罗兰:《我国地下水污染现状与防治对策研究》,载《中国地质大学学报(社会科学版)》2008 年第 2 期。其中,工业污染源、农业污染源、生活污染源统称为“人为污染源”。详见王焰新:《地下水污染与防治》,高等教育出版社 2007 年版,第 2 页。
  ⑤ 马进彪:《治理地下排污,面临法律踏空窘境》,载《法制日报》2013 年 5 月 11 日第 7 版。
  ⑥ 截至 1995 年,该法已经 17 次修改。其中,1970 年、1972 年、1978 年、1985 年、1991 年分别修订 2 次,1982 年、1989 年、1993 年、1995 年分别修订 1 次,1987 年修订 3 次。参见《日本河川法》[EB/OL],载中国水利国际经济技术交流网,http://www.icec.org.cn/gjjl/fyyd/200512/t20051219_49132.html.,2013 年 10 月 20 日访问。

和分管部门分工协作、河川分级分权管理、水资源利用采用许可制是该法的立法亮点。[1]从《河川法》的具体规定来看，其通常仅适用于地表水，而不适用于地下水，因为江河属于国家所有，而地下水其权属从属于土地所有者，被称之为"私用水"，由土地所有者进行支配。但是，有一个例外，即对因河水渗流而获补给的地下水（即使在河流区域外），使用者采取该地下水的行为也可以被认定为占用河水。[2] 也就是说，即使是河流区域外的地下水，只要其是由于河水渗流而获补给的，就可以由《河川法》进行调整。

日本是世界上较早以宪法的形式确立环境权的国家。1946 年 11 月 3 日公布，1947年 5 月 3 日施行的《日本国宪法》共 11 章 103 条，其并未对水资源权属问题作出明确规定。但是，第 3 章第 25 条第 1 款抽象规定了"国民的生存权"，即"全体国民都享有健康和文化的最低限度的生活的权利"[3]。此时的国民生存权其内容包括环境权（包括净气权、阳光权、稳静权、净水权、远眺权等）、健康权、生命权、尊严权、财产权、劳动权、社会保障权、发展权、和平权等。[4] 不难看出，日本较早就以宪法的形式确立了包括净水权在内的国民环境权。[5] 第 29 条第 1、3 款又分别确定了财产权不得侵犯原则、私有财产公用正当补偿原则。这些规定可以调整地下水，因为根据 1998 年《日本民法典》的有关规定，地下水附属于土地，两者权属不分离。例如，该法第 207 条规定："土地所有权在法令限制内及于其土地的上下。"[6]中岛正彦进一步指出，根据该条规定，私有土地下的地下水所有权属于土地所有人，即土地所有权包含了地下水的所有权，这两种所有权不分离。[7] 因此，宪法规定的私有财产当然包括私有土地下的地下水。此外，第 220、214、215、216、711 条分别规定的"污水排泄权""自然排水的忍受义务""疏通工事权""预防工事请求权"，以及"土地工作物的占有人、所有人的责任"也直接或间接地适用于地下水。[8]

20 世纪 50 至 80 年代，日本有关地下水事的立法渐趋完善。1956 年的《工业用水

---

① 日本的河流分为一级河流、二级河流和准用河流，一级河流的管理权限归中央政府，由建设大臣负责；二级河流的管理权限由管辖该河流区段的都道府县知事行使；准用河流的管理权限则由市、町、村长行使。

② 丁绍军：《日本的水权制度》，载《城市建设理论研究》2012 年第 21 期。

③ 吴东镐、徐炳煊：《日本行政法》，中国政法大学出版社 2011 年版，第 277 页。

④ 马岭：《生存权的广义与狭义》，载《金陵法律评论》2007 年第 2 期。

⑤ 有学者认为，1969 年日本宇都宫地方法院关于"日光太郎杉事件"的判决和 1970 年东京防止公害国际会议上发表的《东京宣言》催生了环境权在日本的萌芽；而日本法学意义上的环境权则是在 1970 年召开的律师联合会第 13 次人权拥护会上提出的。参见卢洪友、祁毓：《日本的环境治理与政府责任问题研究》，载《现代日本经济》2013 年第 3 期。笔者认为，日本法律意义上环境权的确立早于法学意义上环境权的提出，应追溯到 1946 年 11 月 3 日《日本国宪法》的公布。

⑥ 渠涛：《最新日本民法》，法律出版社 2006 年版，第 48 页。

⑦ John R. Teerink and Masahiro Nakashima. Water Allocation, Rights and Pricing: Examples from Japan and the United States[M]. The World Bank Press, 1993.

⑧ 《日本民法典》第 220 条规定："高地所有人，为干涸其浸水地或排泄家用、农工业的污水至公共道路、公共水流及下水道，可以使水通过低地。但应选择对低地最小损害的处所和方法。"第 214 条规定："土地所有人不得妨碍自邻地自然流来之水。"第 215 条规定："水流因事变于低地阻塞时，高地所有权人可以用自己的费用，建造疏通流水的必要共工事。"第 216 条规定："甲地为蓄水、排水或引水而建造的工作物破溃或阻塞，所生损害及于乙地之虞时，乙地所有人可以使甲地所有人加以修缮或疏通。必要时，可使其修建预防工事。"第 711 条规定："（一）因土地工作物的设置或保存有瑕疵，致他人产生损害时，工作物的占有人对受害人承担损害赔偿责任。但是，占有人为防止损害发生已尽必要注意时，损害应由所有人赔偿。（二）前款规定，准用于竹木的栽植或支撑有瑕疵情形。（三）于前二款情形，就损害原因另有责任者时，占有人或所有人可以对其行使偿权。"

法》和 1962 年的《关于建筑物用地下水限制采取的法律》（下简称为"建筑物地下水控制法"）均是为解决因地下水过量开采而导致的地面下沉现象而制定的。前者后经 1993 年修订，是限制制造业、供电业、供煤气业等工业使用地下水；后者则是限制供建筑物冷暖气、厕所、汽车的洗车设备、公共澡堂设施等使用地下水。二者都以政令的形式指定了发生地下水位下降、污水混入或地面下沉的区域，并规定采水者在指定区域采水必须可得到都道府县知事的许可。① 1958 年新制定的《下水道法》对公共下水道、下水道设施建设、城市公共卫生标准、公共用水区域的水质安全等作出了规定。② 该法的制定提高了日本下水道的普及率，有效治理了日常生活污水，这对防治因污水渗流可能引起的地下水污染问题具有重要作用。为适应经济快速发展、1961 年日本还出台了《水资源开发促进法》和《水资源开发公团法》。两者均为《河川法》的下位法。前者规定由内阁总理大臣指定"水资源开发水系"，以流域为基础制定水资源基本规划，并以此为基础协调各方面的利益；后者成立了专门从事指定水系的水资源开发活动，以独立法人资格进行工程建设与运行管理。③ 这些规定不仅有利于日本流域水资源管理，还对流域内的或者受河水补给但属流域外的地下水保护具有重要作用。1970 年《水质污染防止法》问世，该法是对1958 年制定的《关于公用水域的水质保全的法律》和《关于工厂排水等的限制的法律》的立法整合，其最初立法目的是为了保全公共水域水质和控制工厂排放污水。1989 年该法的修改，增加了有关特定地下浸透水的禁止性规定，即禁止含有害物质的水渗入地下，以免对地下水造成污染与破坏，并建立了对都道府县首长开展地下水质监测的费用补助制度。④

　　日本环境基本法的新发展，反映了其涉水公害对策理念向涉水环境管理理念的重要转变。1967 年的《公害对策基本法》虽然把"水质污染"纳入公害范围⑤，但其立法以环境的无限性、无偿性为前提，广泛承认人的经济活动自由，仅为预防公害之目的而最小限度限制企业活动等自由，其对策更是消极的局部的对症治疗；1972 年的《自然环境保全法》认识到环境保护必须同时进行公害防止和自然环境保护，但其内容也只是对《公害对策基本法》有关自然环境保护规定的具体化和深化⑥；1993 年的《环境基本法》较两者，实现了环境立法理念的更新和具体法律制度、政策措施完善的立法目的⑦。这一重要转变，有

----

① 《工业用水法》第 3 条、《建筑物地下水控制法》第 4 条规定，在指定区域内为所定目的欲采用 6 平方厘米以上的动力扬水机者，必须得到都道府县知事的许可。违反者，将被处 1 年以下惩役或 10 万日元以下罚款。参见〔日〕原田尚彦：《环境法》，于敏译，法律出版社 1999 年版，第 87—88 页。

② 早在 1900 年，日本就曾颁布《下水道法》，其立法目的是为了改善城市积留生活污水和雨水状况、维护城市卫生清洁。

③ 万劲波、周艳芳：《中日水资源管理的法律比较研究》，载《长江流域资源与环境》2002 年第 1 期。

④ 在此次修改的基础上，1996 年日本环境审议会制定了《有关防治地下水水质污染的水质净化对策的办法》，并建议据此再次修改《水污染防止法》。实际上，该法在 1970 年到 2006 年期间，曾经至少八次被修改。参见叶文虎、张勇：《环境管理学》（第 2 版），高等教育出版社 2006 年版，第 296 页。

⑤ 1967 年《公害对策基本法》历经 1970 年、1971 年、1973 年、1974 年、1983 年五次修改。其第 2 条将公害定义为"由于工业或人类其他活动所造成的相当范围的大气污染、水质污染、土壤污染、噪声、振动、地面沉降及恶臭，以致危害人体健康或者生活环境的现象。"参见杜群：《日本环境基本法的发展及我国对其的借鉴》，载《比较法研究》2002年第 4 期，第 55 页。

⑥ 杜群：《日本环境基本法的发展及我国对其的借鉴》，载《比较法研究》2002 年第 4 期。

⑦ 杜群：《日本环境基本法的发展及我国对其的借鉴》，载《比较法研究》2002 年第 4 期。

助于日本国民认识到地下水等自然环境和自然资源的有限性,有助于日本降低环境负荷和构筑可持续发展的社会。①

日本的土壤污染和恶臭立法对地下水保护具有特殊意义。1970 年 12 月 25 日公布,1971 年 6 月 5 日实施的《农用地土壤污染防止法》第 1 条规定,其立法主要目的在于防治和消除农业用地被特定有害物质污染、合理利用已被污染的农业用地、保护国民健康和保护生活环境等。1986 年的《市街地土壤污染暂定对策方针》,其立法目的是为了解决日本当时日趋严重市街地(市区)的土壤环境污染而制定的,该法规制了工厂、企业废止和转让、城市再开发等可能导致的土壤污染的行为。2003 年实施的《土壤污染对策法》共 8 章 42 条,其立法目的则是确定特定有毒物质给土壤造成的污染范围、保护公众健康,该法规定在"土壤污染可能造成地下水污染,进而损害人体健康"时,县级行政首长可以采取防止土壤污染引起地下水污染和控制已经污染的地下水等措施。在日本,通常情况下,土地所有权与地下水所有权不分离。当土地的土壤受到污染时,其周边地下水质可能受到污染,进而影响工农业生产,甚至损害人体健康。因此,日本土壤相关立法对于防治因土壤污染导致的农业用地、市街地下的地下水污染具有重要的现实意义。1971 年实施的《恶臭防治法》,后经 1995 年修改,其共分 5 章 25 条分别规定了立法目的、控制地区、国民的责任和义务、报告与检查制度、责任制度。其中,第 3 条规定:"为了保护居民的生活环境,都、道、府、县知事应把住宅集中地区或其他有必要防止恶臭的地区,指定为控制地区,控制企业伴随活动而产生的恶臭原因物质的排放。"这对规制"控制地区"的企业排放构成特定恶臭物质的气体或水的行为,防止特定恶臭物质的水渗流至地下水、污染地下水、破坏地下水具有重要防范作用。此外,该法第 4—10 条关于控制标准的制定和遵守、居民的请求权、事故的处理措施等方面的规定不仅有利于"控制地区"的恶臭物质控制,也有利于为"控制地区"的居民提供健康、安全的地下饮用水源。

从上述立法实践可以看出,日本的地下水污染等现象最初成为环境问题,始于第二次世界大战后经济生产恢复到战前水平的 50 年代中期。②经过此后一段时期的发展,日本的地下水保护法律体系已经十分完备,形成了以宪法关于环境权规定为基础,以综合的环境基本法为中心,其他相关部门法为补充,包括地下水污染防治、地下水水源保全、地下水纠纷处理及损害救济、地下水管理等内容的完备体系。

二、日本地下水保护的立法特点

根据立法目的和内容的不同,上述立法可分为环境综合型立法、水事专门型立法,以及其他相关型立法三种类型。这里的环境综合型立法仅指日本的环境基本法,其经历了从《公害对策基本法》(1967 年)、《自然环境保全法》(1972 年)到《环境基本法》(1993 年)

① 此观点参见〔日〕原田尚彦:《环境法》,于敏译,法律出版社 1999 年版,第 19 页。此外,《环境基本法》第 37 条确立的"污染者负担原则"对制止环境不法行为,预防包括地下水污染在内的环境污染具有重要作用。参见交告尚史:《臼杵知史·日本环境法概论》,田林、丁倩雯译,中国法制出版社 2014 年版,第 143—144 页。
② 〔日〕饭岛伸子:《环境社会学》,包智明译,社会科学文献出版社 1999 年版,第 63 页。

的发展过程。① 水事专门型立法主要包括《河川法》(1896 年)、《工业用水法》(1956 年)、《水资源开发促进法》(1961 年)、《下水道法》(1958 年)、《水资源开发公团法》(1961 年)、《建筑物地下水控制法》(1962 年)、《水质污染防止法》(1970 年)等。其他相关型立法主要是指《日本国宪法》(1947 年)、《农用地土壤污染防止法》(1970 年)、《恶臭防治法》(1971 年)、《市街地土壤污染暂定对策方针》(1986 年)、《日本民法典》(1998 年)、《土壤污染对策法》(2003 年)。这些立法实践促进了日本地下水保护法律体系和内容的丰富和完善。从这些立法实践来看,日本地下水立法呈现出以下特点:

(一) 混合的立法模式:一种认识制约和资源权属私有下的立法模式选择

立法模式是关于立法的方法、结构、体例及形态的统称。地下水立法模式是指在进行地下水立法时,一国国家或者地方立法机关所选择的方法、结构、体例及形态。地下水立法模式可以分为专门立法模式和混合立法模式。专门立法模式是一国立法机关采取统一基本立法模式或者单行法律法规模式进行地下水保护;混合立法模式则是指立法机关根据本国法治传统、立法现状、立法技术等因素而实际采用统一基本立法和单行法律法规相结合的模式来保护地下水。从上述日本的立法实践来看,其选择的是后者。究其原因,笔者认为至少有以下两个方面:

(1) 认识的物质制约性。从日本的地下水立法实践不难发现,人们关于地下水立法保护的认识受到不同时期的经济社会发展水平的制约,即所谓的"物质制约性"。随着地下水资源超采、污染、破坏,以及因地下水超采导致的地面下沉等问题同经济社会可持续发展的要求之间的矛盾不断加剧时,日本才逐渐认识到进行地下水保护的必要性,并在相关立法中不断增加有关地下水保护的规定。

(2) 地下水权属的依附性。在日本,地下水资源既非公共用物,亦非公物的范围,其基本上属于私有土地利用权的私物范围。② 这正如中岛正彦所说:"根据《日本民法典》第 207 条规定,私有土地下的地下水所有权属于土地所有人,即土地所有权包含了地下水的所有权,这两种所有权不分离。"③换言之,地下水资源之所以被认为属于私有土地利用权的私物范围,是因为地下水资源依附于土地,属于私人所有,有关地下水资源的归属可以适用《日本民法典》第 207 条的规定④,不需要单独制定针对地下水资源的一般管理规范。这也说明,一个国家地下水保护立法模式的选择与其经济发展水平、资源权属关系、立法技术、立法需求等因素有着密切的关系。因此,在日本立法者看来,其本国的统一基本立法和单行法律法规足以满足日本地下水保护的法律需求,而不必另行专门立法。

---

① 杜群:《日本环境基本法的发展及我国对其的借鉴》,载《比较法研究》2002 年第 4 期。

② John R. Teerink and Masahiro Nakashima. Water Allocation, Rights and Pricing:Examples from Japan and the United States[M]. The World Bank Press, 1993.

③ Ibid.

④ 渠涛:《最新日本民法》,法律出版社 2006 年版,第 48 页。

（二）统一的管理体制：一个由共同管理理念向统一管理理念的重要转变

目前，日本从中央到地方都有比较完善的公害染防治组织，中央的环境保护机构分为公害对策会议和环境厅两个。[①] 两者的主要职能基本一致，不同之处在于，前者隶属总理府，主要就环境保护的方针、政策、计划、立法及重大环境行为向内阁总理大臣提出咨询意见，包括审议有关防止地下水污染等公害的综合性措施；后者直属首相领导，主要负责组织、协调全国环境保护的事务性工作，包括调查审议有关地下水污染等公害防止对策的基本事项。[②] 在地方，都道府县和市街村均有下属机构"公害对策审议会"，两者职能基本相同，均包括对地下水污染等公害对策基本事项调查的权能。但是，涉地下水公害控制法的执行责任和权限，原则上归属于环境厅长官，而对于单个地下水公害等公害发生源的具体的控制权限的行使，属于都道府县知事。[③] 可以看出，日本实行的是环境厅统一管理和都道府县具体管理的地下水管理体制。这一新的管理体制的确具有划时代的意义。因为在 1971 年 7 月环境厅设立之前，包括地下水内容的水质保全法与工厂排水等控制法的管辖权，曾由大藏省、厚生省、农林省、通产省、运输省、建设省共同行使，这种旧的管理体制导致了管理权限的不统一，并暴露了一些因国家行政组织纵向分割而产生的推责逐利的弊害。[④]

然而，在新的管理体制下，地下水污染事件处理中出现了都道府县等自治体及其官员同市民、专家学者实质性、功能性地联合在一起，互相听取意见和主张，互相对话和协调，成功解决地下水污染纠纷的案例。[⑤] 这至少说明了新的管理体制有助于都道府县等自治体发挥其推行环境问题对策的作用，反映了在处理公害的控制与区域的利害事项时，地方发挥环境行政主导作用具有更切实的效果。

（三）严格的许可证制度：一项看似严格但却存在致命缺陷的法律制度

综观日本地下水保护的立法实践，许可证制度是其一个重要法律制度。这一制度在《工业用水法》《建筑物地下水控制法》和《河川法》中均得到了体现，但各法因立法目的的不同而存在具体内容规定的差异。于 1956 年颁布、1993 年修订的《工业用水法》共四章 30 条。"保护地下水水源"是其一个重要立法目的。[⑥] 为此，第 2 章专门对"水井"使用批准进行了规定[⑦]，包括批准的申请、标准、过渡措施、变更、条件、废止申报、继承、失效、撤销等内容。通常情况下，申请者要想获得水井使用许可，其建造的地下水井的过滤网的

[①] 叶文虎、张勇：《环境管理学》（第 2 版），高等教育出版社 2006 年版，第 289 页。
[②] 同上书，第 291 页。
[③] 〔日〕原田尚彦：《环境法》，于敏译，法律出版社 1999 年版，第 93 页。
[④] 同上书，第 92—93 页。
[⑤] 〔日〕饭岛伸子：《环境社会学》，包智明译，社会科学文献出版社 1999 年版，第 66—67 页。
[⑥] 该法第 1 条规定，"本法的目的，是就特定地区，在确保合理供应工业用水的同时，谋求保护地下水水源，以有助于该地区工业的健全发展和防止地面沉降。"
[⑦] 该法所称"水井"，是指使用动力采集地下水的设施，其扬水泵的喷口断面积（如果有两个以上喷口时，则为其断面之和）超过 6 平方厘米的设施。

位置及扬水机的喷射头的断面积必须符合总理府令规定的技术标准。但是,若不仅不会给指定地区地下水的水源保护带来明显的不良影响,且在保障工业用水上是必要和适当的,用其他水源替代又有明显困难时,不符合技术标准的水井也可以例外附条件地得到许可。但条件只限于保护指定地区的地下水水源或者保护指定地区地下水水源所必要的最低限度的要求。违反条件者虽然会被停止采水乃至取消许可,但不允许对使用者科以不适当的义务。① 1962 年的《建筑物地下水控制法》第 4 条规定,在指定区域内为所定目的欲采用 6 平方厘米以上的动力扬水机者,必须得到都道府县知事的许可。违反者,将被处 1 年以下惩役或 10 万日元以下罚款。② 1896 年的《河川法》规定的水资源利用许可制,其只是对既成事实的认可,获得认可的利用者便可取得"惯行水权";1964 年颁布的《河川法》将"惯行水权"上交国家,国家再将许可水权交给团体;1995 年修订的《河川法》共 7 章 109 条,其中,有 37 个条文(约占总条文数的 34%)涉及许可证制度③,并对水权交易进行了限制。④ 从这些立法内容来看,日本国内的申请者要获取地下水使用许可,必须都、道、府、县知事提交申请书,且申请必须符合批准的标准和条件。那么,这一"严格"的地下水保护许可证制度在日本的实施效果如何呢? 20 世纪 50 年代中期,井水污染的现象没有大面积发生⑤;20 世纪 50 年代末至整个 70 年代,日本地下水污染事件每年不足百件⑥;进入 80 年代后,东京都府中市(1982 年 9 月)、三鹰市(1984 年 2 月)、千叶县君津市(1989 年 10 月)等地相继发生了由有机溶剂所引起的地下水污染,其中,2003 年日本地下水污染事件达到了 455 件。⑦ 这些现象和数据表明,日本看似严格的许可证制度并没有达到理想的法律实施效果。这是因为,其许可证制度是以土地所有者具有地下水开采权为前提的,其最大限度地尊重土地所有者的地下水开采权,其设置目的仅是作为防止环境恶化的对策,且要求非常低,一旦被给予了许可,只要不违反义务,即使地下水的状态发生恶化,行政机关只能采取井水限制使用命令,而无权取消许可。⑧ 这对地下水保护来说是致命的缺陷。

三、日本地下水保护立法实践对我国的启示

据《全国地下水污染防治规划(2011—2020)》显示,近几十年来,随着我国经济社会的快速发展,地下水资源开发利用量呈迅速增长态势,地下水污染呈由点状、条带状向面

---

① 〔日〕原田尚彦:《环境法》,于敏译,法律出版社 1999 年版,第 87—88 页。
② 同上。
③ 这里的许可证制度通常情况只适用于地表水的情形。笔者认为,若地下水属于河水渗流补给的情形时,也可适用《河川法》关于许可证制度的相关规定。
④ 该法规定,江河属国家产业,其水流不得隶属私人所有,获得许可的水权所有者不得买卖转让其水权。参见张勇、常云昆:《国外典型水权制度研究》,载《经济纵横》2006 年第 3 期。
⑤ 嶋津晖之认为,这是由于六价铬和氰等化学物质被《水质污染防止法》指定为有害物质,其排放和处理受到管制。参见〔日〕嶋津晖之:《水问题原论》,日本北斗出版社 1991 年版,第 258—259 页。
⑥ 卢洪友、祁毓:《日本的环境治理与政府责任问题研究》,载《现代日本经济》2013 年第 3 期。
⑦ 同上。
⑧ 〔日〕原田尚彦:《环境法》,于敏译,法律出版社 1999 年版,第 88 页。

上扩散,由浅层向深层渗透的趋势,由城市向周边蔓延的趋势。防治水污染不仅是一个技术问题,还是一个法律问题。因此,日本在地下水保护立法实践方面的一些经验教训,值得我们思考。

(一)专门立法模式:应对严峻的地下水保护形势的科学选择

目前,我国有关地下水保护的国家立法主要包括《环境保护法》(1989 年)、《水法》(2002 年)、《水污染防治法》(2008 年)、《水土保持法》(2011 年)等。从立法的方法、结构、体例及形态来看,我国地下水立法实行的也是混合立法模式。但是,从我国近几十年来面临的地下水污染形势来看,这些立法的实施效果并不理想。笔者认为,我国与日本存在着地下水所有权归属、相关立法的历史发展程度等方面的不同,要解决我国的地下水超采、污染等问题,不能在现有立法的基础上进行修改,而要从国家层面上进行专门立法。这主要基于以下原因:(1)我国地下水污染形势严峻,需要统一立法。例如,全国近20％的城市集中式地下水水源水质略于 III 类[①],且地下水防治存在污染源点多面广、防治基础薄弱、防治认识较低等诸多现实问题。(2)现有立法不能满足地下水污染防治的实际需要。我国上述地下水立法内容各有侧重[②],且存在分散不系统、交叉重叠、相互冲突、针对性不强、可操作性较差等问题。这些问题的存在影响了法律的实施效果。(3)修改现行立法困难重重。仅仅为了地下水污染防治的目的而要求对几部相关法律进行修改,很难纳入立法规划,即使纳入立法规划也存在立法成本过高、短期内很难完成的问题,修改法律的初衷也就很可能无法满足治理的迫切需要。

比较乐观的是,我国实行地下水污染防治专门立法具有良好的政策基础、立法基础,以及可供参考借鉴的国外经验。换言之,我国重视地下水污染防治工作,例如,出台了《全国城市饮用水安全保障规划(2006—2020)》《全国地下水污染防治规划(2011—2020)》等政策文件;不仅国家重视地下水污染防治立法工作,北京市、云南省、辽宁省、陕西省、内蒙古自治区、西安市、成都市、武汉市、南通市、常州市等省、市也进行了立法实践,并专门制定地下水(资源)管理办法(条例);可以借鉴或者参考日本、美国、澳大利亚、英国、欧盟等国家和国际组织的立法经验。鉴于此,笔者建议我国以"一般法律"的形式制定《中华人民共和国地下水污染防治法》。其基本框架可以分为以下几章:第一章总则,其主要规定立法目的、适用范围、基本原则、管理部门职责、政策激励、公民检举权等;第二章地下水污染防治的标准和规划,其主要规定标准规划的制定主体、制定原则、审批程序等;第三章地下水污染防治的监督管理,其主要规定环境影响评价、污染物排放总量控制、排污许可、排污设施申报登记等制度;第四章地下水污染防治措施,其主要规定保障地下水饮用水水源环境安全、严格控制影响地下水的城镇污染、强化重点工业地下水污染防治、分类控制农业面源对地下水的污染、加强土壤对地下水污染的防控、有计划并

---

① 参见原国家环保总局:2008 年 1 月 9 日发布的《排污许可证管理条例》(征求意见稿)起草说明。

② 习近平总书记提出,只有实行最严格的制度、最严密的法治,才能为生态文明建设提供可靠保障。详见《习近平在中共中央政治局第六次集体学习时强调 坚持节约资源和保护环境基本国策 努力走向社会主义生态文明新时代》,载《人民日报》2013 年 5 月 25 日第 1 期。

展地下水污染修复等措施；第五章地下水污染事故处理，其主要规定政府及其相关部门、企事业单位的应急准备、应急处置、事后恢复等；第六章法律责任，即规定污染、破坏地下水的民事责任、行政责任和刑事责任；第七章附则。

（二）综合的监督管理体制：根治现行地下水污染防治管理体制弊害的一剂"良方"

根据现行《水法》（2002 年修订）第 2 条第 2 款、《水污染防治法》（2008 年修订）第 2 条第 1 款的规定，地下水资源、地下水体的污染防治分别属于《水法》《水污染防治法》的调整范围。结合现行《水污染防治法》第 8 条和《环境保护法》（1989 年）第 7 条可以得知，我国地下水污染防治实行的是统一监督管理与分管部门监督管理相结合的监督管理体制。即：各级人民政府的环境保护主管部门对地下水污染防治实施统一监督管理；各级交通主管部门的海事管理机构对船舶污染水域下的地下水污染防治实施监督管理；各级人民政府水行政、国土资源、卫生、建设、农业、渔业等部门以及重要江河、湖泊的流域水资源保护机构，在各自的职责范围内，对有关地下水污染防治实施监督管理。为确保这一监督管理体制得到落实，现行《环境保护法》《水法》和《水污染防治法》等对地下水污染防治问题作了具体规定。其中，《环境保护法》第 20 条规定了各级人民政府的"地面沉降"防治义务。2002 年《水法》第 23 条第 1 款、第 25 条第 1 款，以及第 30、31、36、50 条分别对"地表水与地下水统一调度开发"原则、盐碱化和渍害易发地区的地下水水位控制、地下水位的维持、地下水超采与地面沉降的救济、地下水超采地区、农业蓄水输水采取防渗漏措施进行了规定。《水污染防治法》第 16 条明确了"地下水体合理水位"的维持主体，第 33 条第 2—3 款分别规定了"可溶性剧毒废渣"的禁止性处理及其存放场所的防范措施，第 35、36 条分别规定了"渗井、渗坑、裂隙和溶洞""无防渗漏措施的沟渠、坑塘"的禁止利用情形，第 37 条对"地下水的分层开采和混合开采"进行了规定，第 38、39、46 条以及第 51 条第 2 款分别规定了"兴建地下工程设施或者地下勘探、采矿等活动""人工回灌补给地下水""建设生活垃圾填埋场""利用工业废水和城镇污水进行灌溉"来防止地下水污染或者水质恶化。

但是，综合这些规定存在的问题和我国近几十年来日趋严峻的地下水污染趋势来看，这一地下水污染防治监督管理体制的实施效果并不太好。这是因为现行的监督管理体制，受传统计划经济体制、苏联模式等因素的影响，导致地下水污染防治监督管理上的部门分割、地区分割、城乡分割等问题[①]，以致出现不利于地下水污染的综合防治、地下水资源的优化配置和可持续利用的现象。日本的地下水管理体制的实施效果以地方自治体具有保持区域社会的安全和秩序的综合职责，享有公害控制法的具体执行权限，行使环境行政主导权为前提的。这一管理体制不适合我国国情。对此笔者认为，可以在国家层面成立国家水资源统一管理委员会，下设国家地下水资源管理机构，专门直接负责国家地下水资源的开发利用与保护，实现对现行的水资源开发利用由水利部管理、水污染由环保部管辖的双重管理模式的突破，确保地下水的水质、水量及水生态等方面的统一、

---

① 黄德林、王国飞：《欧盟地下水保护的立法实践及其启示》，载《法学评论》2010 年第 5 期。

综合管理。国家水资源统一管理委员会赋予国家地下水资源管理机构直接或间接的执法权,地方各级政府及其相关部门要协助国家地下水资源管理机构控制与地下水有关的开发利用、污染与保护。

(三) 最严格的排污许可证制度:防范地下水污染和破坏的一把"利器"

20世纪80年代中期,我国开始引入了包括地下水排污内容的排污许可证制度,这一制度在此后的国家政策、国际立法、立法中均得到了体现。1988年3月,原国家环保局发布了《水污染物排放许可证管理暂行办法》;1989年7月,经国务院批准,原国家环保局发布的《水污染防治法实施细则》第9条规定,对企业事业单位向水体排放污染物的,实行排污许可证管理;2000年3月,国务院修订发布的《水污染防治法实施细则》第10条规定,地方环保部门根据总量控制实施方案,发放水污染物排放许可证;2005年12月,国务院发布《关于落实科学发展观加强环境保护的决定》提出,推行排污许可证制度,禁止无证或超总量排污;2006年4月,温家宝总理在全国环境保护大会上要求,要全面推行排污许可证制度,加强重点排污企业在线监控,禁止无证或违章排污;2008年1月,原国家环保总局发布了《排污许可证管理条例》(征求意见稿),但是该条例至今未正式颁布;2008年2月,新修订的《水污染防治法》第20条明确规定"国家实行排污许可制度"。此外,云南和贵州(1992年)、辽宁(1993年)、上海和江苏(1997年)等省、市也进行了立法实践,并在其地方法规中确立了排污许可证制度。从立法的角度来看,上述主要环保法律法规中虽然确立了排污许可证制度,但存在立法滞后于实践,法律法规不能指导实践的问题。从现行的国家层面的《水污染防治法》(2008年修订)关于排污许可证制度的具体规定来看,尚存在规定过于原则、许可条件空白、审批程序欠缺、法律责任不明确等诸多问题。这些问题的存在,致使我国的地下水排污许可证制度距"实行最严格的制度、最严密的法治"的要求还相差较远。

鉴于日本许可证制度存在的立法缺陷和我国面临的严峻的地下水污染防治形势,笔者认为,地下排污许可证制度是应对地下水污染和破坏的一把"利器",我国应实行最严格的地下排污许可证制度,并尽快颁布专门立法。具体而言,国务院可以颁布《排污许可证管理条例》或者《排污许可证制度实施细则》,规定现有的或者新的排污者直接或间接向地下排放工业废水、医疗废水以及含重金属、放射性物质、病原体等有毒有害物质的其他废水和污水的,必须先向环境保护主管部门申请领取排污许可证。各级环境保护主管部门要根据自身权限依法受理,严格审批,严格监督检查。获批者要严格按照核定的污染物种类、控制指标和规定的方式、期限排放污染物,且其所排污染物不得超过国家和地方规定的排放标准和排放总量控制指标。获批者要严格依照法定的程序和期限办理排污许可证的变更、延续、补办等手续。

湖北省湖库工程生态供(排)水补偿办法

　　建立湖库工程生态补偿机制,加强水环境保护,有助于改变传统的无偿使用生态资源的习惯,促使区域在制定经济发展规划时充分考虑对资源环境的损耗成本,从源头上促进经济社会与资源环境的协调发展;有助于提高排污企业及全社会的水环境意识,促进水生态文明建设;有助于保障人民群众身体健康,提高生活质量和幸福指数;有助于维护中华民族的长远利益,为子孙后代留下良好的生存和发展空间;有助于利用经济和行政激励手段,协调各方利益,激发全社会促进生态保护和经济社会协调发展的创造活力,逐步缩小经济社会发展中的地区差别、城乡差别,实现经济社会的跨越式发展、人与自然的和谐,共同走向生产发展、生活富裕、生态良好的文明道路。在此背景下,受湖北省湖泊局委托,湖北水事中心起草了《湖北省湖库工程生态供(排)水补偿办法(专家建议稿)》,形成立法调研报告,为政府开展湖库工程生态供(排)水补偿工作提供立法参考。

《湖北省湖库工程生态供(排)水补偿办法》立法调研报告[*]

邱　秋　马光辉　王　腾　华　平

湖北河湖遭受人为污染后,由湖库工程管理单位无条件且无偿实施生态供(排)水的现象司空见惯。这一状况,不利于水资源节约和水环境保护。《湖北省湖泊保护条例》(2012)第 13 条规定:"对重要湖泊的保护,省人民政府应当建立生态补偿机制,在资金投入、基础设施建设等方面给予支持。"2012 年 6 月,湖北省第十次党代会报告提出了完善生态补偿长效机制。同年 10 月,省人民政府印发《关于加强湖泊保护与管理的实施意见》(鄂政发〔2012〕90 号),要求"建立湖泊保护经费投入机制"。为贯彻落实上述法律和政策,湖北省湖泊局委托湖北经济学院编制《湖北省湖库工程生态供(排)水补偿办法》。课题组走访了省水利厅、省湖泊局、省漳河工程管理局、省田关水利工程管理处、省汉江河道管理局等单位,广泛收集省内外相关资料,借鉴外地生态补偿制度建设经验,立足于实用性和可操作性,起草了《湖北省湖库工程生态供(排)水补偿办法(专家建议稿)》,为开展湖库工程生态供(排)水补偿提供立法参考。

一、湖北湖库工程生态供(排)水补偿的必要性与紧迫性

(一) 湖北水污染现状

湖北地处长江中游,长江横穿其境,汉江纵贯腹中,形成了水系发达、河流纵横、两江(长江、汉江)交汇,湖库星罗棋布的格局,水资源相对丰富。

湖北河流众多,有"洪水走廊"之称。长江自西向东横贯全省,境内流程 1061 公里;汉江由西北向东南斜插过境,于武汉市汇入长江,流程 878 公里,年过境客水量 6395 亿立方米。全省有 5 公里以上中小河流 4228 条,总长 5.9 万多公里。尽管由于人为活动及自然流程等原因,湖泊面积不断萎缩,不少中小湖泊消亡,但湖北目前仍有 755 个湖泊,几乎全部分布在沿长江、汉江两岸海拔 50 米以下的平原区,是在云梦泽大水面淤浅和肢

---

* 文章受湖北水事研究中心科研项目经费资助。

解与江汉盆地新构造运动不断下沉的背景下形成的。[①] 全省共有水库 6459 座,其中大型77 座,数量位居全国第一,全省水库总库容 1262 亿立方米,占全国的 15%,居全国第一。其中,由水利部门管理的水库共 6387 座(大型 51 座,中型 236 座,小型 6100 座),承雨面积 5.98 万平方公里,总库容 260 亿方,兴利库容 142 亿方,调洪库容 81 亿方,保护下游人口 2100 万人,耕地 2185 万亩,以及武汉、襄阳等 46 个县级以上城市和京九、京广等国家交通干线的安全,同时担负着全省 40%共 2265 万亩农田灌溉和部分城镇生产生活用水的任务。

丰富的水资源是湖北最为重要的生态资源之一,但水污染的状况也触目惊心。湖北境内长江、汉江干流水质尚好,但宜昌、荆州、武汉、鄂州、黄石、武穴等沿江城市江段均存在长度不等的岸边污染带。汉江 1992 年以来发生 5 次"水华",且一次比一次持续时间长、影响范围广。中小河流水质不容乐观,污染超标(超Ⅲ类)河段长度占评价河长的 21.4%,蛮河、竹皮河、神定河等河流严重污染。2008 年,全省废污水排放总量46.91 亿吨(不包括火电直流冷却水);全省湖泊富营养化严重,武汉市抽查的 65 个湖泊中有 38 个富营养化,占 58.5%;围网投肥养殖使部分水库供水水源地遭受破坏,已开始影响到生产和生活用水安全,成为社会关注的焦点。随着城市化进程在不断加快,城市污水排放量加大。农村居民生产生活垃圾、人畜粪便随意处置,农药化肥大面积使用,水环境受到严重的面源污染。污水处理厂的建设步伐跟不上水污染的步伐,企业废水处理率低下,工业废水未达标排放或偷排现象时有发生,大量城市污水与工业废水直接排入江河水域,造成了水质性缺水,使有限的水资源更加紧缺,加剧了供需矛盾。

(二) 湖北湖库工程生态供(排)水现状

随着水污染的加剧,遇到"水华"等水污染事件,湖库工程单位从湖泊、水库对受污染水体实施生态补水几近常态。2013 年 1 月 14 日,沮漳河水质发生变化,总氮、藻类超标严重,含有大量藻类的污水在沮漳河淤积,形成"水华"。此次"水华",表面上看是宜昌当阳市向家草坝电站调试开闸泄水引起,经水利、环保部门组成的联合调查组调查,实际是沮漳河两岸工业企业污水排放量过大,污染源防控和治理不到位,加之冬季干旱少雨,河道稀释冲污能力降低而形成。根据省政府领导批示,漳河水库于 2013 年 1 月 16 日 19 时至 19 日 19 时,以 14 立方米/秒的流量向沮漳河荆州段进行了生态补水。之后,省水利厅督促当阳市暂停向家草坝电站调试,关闭泄水闸;漳河水库又以每天 7 立方米/秒的流量继续补水,使水质恢复正常。此外,田关泵站工程管理处多次利用泵站提汉江水改善东荆河水质,汉江河道管理局启用涵闸引汉江水改善通顺河水质等。2004—2013 年,湖北省近十年生态环境用水量呈现持续增长的趋势,由 2004 年的 0.08 亿立方米增长至 2013年的 0.33 亿立方米,年均增长 17.1%。具体见下表。

---

① 数据来源:湖北省河湖基本情况普查统计。

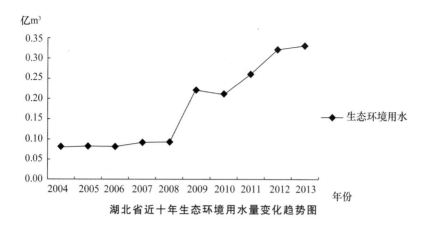

湖北省近十年生态环境用水量变化趋势图

（三）湖北湖库工程生态供(排)水存在的主要问题

湖库工程承担着灌溉、防洪、供水等多种任务,依靠湖库放水解决水污染带来了一系列问题:

一是不利于节水。湖北省水资源相对丰富,人们用水粗放。全省 2010 年万元工业增加值(当年价)用水量为 186 立方米,大大高于全国平均水平 90 立方米;农业灌溉水利用系数仅为 0.47,离国家确定的 2015 年用水总量控制目标 0.496 差距较大。中小河流发生"水华",动辄以放水稀释,而排污企业不受惩罚,相关政府和部门的监管责任不受追究,与节水型社会建设和实施最严格的水资源管理制度相悖。发生水质异常事件,用放水改善水质,是万不得已的应急之举,不可成为常态。

二是带来供水紧张。以漳河水库为例。漳河流域多年平均降水量在 950 毫米左右,河流水系发育,条数较多,水资源量相对丰富,经过多年的水利建设,流域内已建成较为完善的供水系统。在一般年份,漳河流域的水资源基本可以满足流域内外的用水需求,但在干旱年份,特别是连续二年以上的干旱,由于灌区灌溉面积大,城乡生活和工农业生产供水任务重,需水量较大,缺水较为严重。如果再实施生态放水,特别是岁末年初实施生态放水,将带来荆门市 50 万人供水和荆门、当阳、荆州市 200 多万亩农田春耕灌溉困难。

三是造成经济损失。以漳河水库 2013 年 1 月 16 日生态补水为例。此次共放水 363 万立方米,按省物价局核定漳河水库非农业供水价格 0.45 元/立方米计算,漳河水库管理单位共损失 163 万元,这还不包括其他间接损失。为生态改善无偿承担补偿任务,不仅有漳河水库这样的工程单位,其他工程单位也为改善水质而实施了生态补水。如湖北省田关泵站工程管理处也多次无偿利用泵站提汉江水改善东荆河水质,湖北省汉江河道管理局无偿启用涵闸引汉江水改善通顺河水质,给水利工程设施维护、管理、日常运转带来较大的经济困难。

四是助长水污染行为。一些排污企业造成下游河道水污染,由湖库工程单位实施生态补水,水环境得以初步恢复。而排污企业并未受到行政处罚,待水污染事件平息后,排污企业又照常排污,湖库工程单位再实施生态补水,陷入排污——生态补水——再排污——再生态补水的恶性循环之中。

（四）湖北湖库工程生态供（排）水补偿的必要性和紧迫性

湖库工程生态供（排）水补偿，是一种生态补偿，指某一区域水环境遭受污染，从水库、湖泊水源区取水实施生态补水，或从排水泵站提排污水，对有关湖库工程管理单位给予的生态补偿。生态补水是解决河道水污染的权宜之计而非长久之计，依靠生态补水改善水质难以为继。在万不得已的情况下实施污染河道生态补水，必须对湖库工程管理单位予以补偿，制定湖库工程供（排）水补偿制度势在必行。

建立湖库工程生态供（排）水的生态补偿制度，有利于惩戒非法排污。按照"谁破坏谁恢复""谁受益谁补偿""谁污染谁付费"原则，通过向排污企业征收生态补偿金，让生态保护成果的受益者支付相应的费用给湖库工程单位，实现对生态环境保护投资者的合理回报和增强生态产品的生产和供给能力，使排污企业得到应有的"惩戒"。并依照环境保护法、水污染防治法等法律法规给予处罚，使企业守法生产，从源头杜绝排污行为。同时，由于杜绝了源头排污，可以使湖库工程单位不放水、少放水，激励人们从事生态环境保护投资并使生态环境资本增值，以可持续的生态补偿保障经济社会可持续发展，实现人与自然和谐发展。

建立湖库工程生态供（排）水的生态补偿制度，有利于建设资源节约型、环境友好型社会建设。无偿启用湖库工程改善受污染水体水质，给水利工程设施维护、管理、日常运转带来较大经济困难。生态补偿制度对于维护社会公平，加强对生态功能区的扶持力度，大力发展生态效益型经济，优化发展环境，统筹区域经济协调发展具有重要意义。建立湖库工程生态供（排）水补偿制度，用经济手段迫使排污企业不排污、湖库工程单位不放水，就是加强水源地保护和用水总量管理，建设节水型社会的举措；就是完善最严格的水资源管理制度、环境保护制度，有利于推进全省资源节约型、环境友好型社会建设。

建立湖库工程生态供（排）水的生态补偿制度，有利于生态文明建设。现行的湖库工程无偿生态供（排）水现象，扭曲了生态保护与经济利益的送给，不仅使水资源保护面临很大困难，而且也影响了地区之间以及利益相关者之间，湖库工程管理单位与地方政府之间的和谐。党的十八大报告指出："把生态文明建设放在突出地位，融入经济建设、政治建设、文化建设、社会建设各方面和全过程，努力建设美丽中国，实现中华民族永续发展"。建立湖库工程生态供（排）水补偿制度，有利于调整相关利益各方生态及其经济利益的分配关系，促进生态和环境保护，促进城乡间、地区间和群体间的公平性和社会的协调发展，有力推进生态文明建设。

二、《湖库工程生态供（排）水补偿办法》的指导思想、原则、主要目标

（一）指导思想

贯彻落实党的十八大决议、《中共中央国务院关于加快水利改革发展的决定》（中发〔2011〕1号）和湖北省第十次党代会决议、《中华人民共和国环境保护法》《湖北省湖泊保

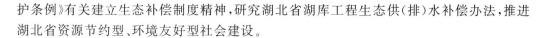

护条例》有关建立生态补偿制度精神,研究湖北省湖库工程生态供(排)水补偿办法,推进湖北省资源节约型、环境友好型社会建设。

(二) 基本原则

坚持保护者受益、损害者付费、受益者补偿的原则。生态环境是公共资源,环境保护者有权利得到投资回报,使生态效益与经济效益、社会效益相统一;环境开发者要为其开发、利用资源环境的行为支付代价;环境损害者要对所造成的生态破坏和环境污染损失作出赔偿;环境受益者有责任和义务向提供优良生态环境的地区和单位进行适当的补偿。

坚持统筹协调、共同发展的原则。坚持科学发展观,使生态环境的保护与经济社会的发展协调统一起来。坚持与时俱进的生态保护观,以经济发展为支撑,有效地保护和利用现有生态资源的存量。

坚持政府主导、市场参与的原则。充分发挥各级政府在生态补偿机制建立过程中的主导作用,努力增加公共财政投入,完善政策调控措施;同时又要积极引导社会各方参与,逐步建立多元化的筹资渠道和市场化的运作方式。

坚持公平公开、权责一致的原则。生态补偿机制必须在公平公开的层面上运行,科学核算生态补偿的标准体系,建立阳光运作的补偿程序和监督机制,同时又要建立责、权、利相统一的行政激励机制和责任追究制度,形成"应补则补,该补则补,公众监督,奖惩分明"的有效运转体系。

(三) 主要目标

建立湖库工程生态供(排)水生态补偿制度,充分发挥政府和社会(企业)两个积极性,建立各方认同、民主协商、共同管理、分级负责的湖库工程生态供(排)水补偿办法,保障水资源的持续、安全、高效利用,建立资源节约型、环境友好型社会。

三、《湖库工程生态供(排)水补偿办法》的主要内容

(一) 补偿主体

湖库工程生态补偿的主体为受益区的市(州)、县(市、区)人民政府及排污单位;受益地跨县级行政区的,由市级财政补偿。受益地跨市级行政区的,由省财政按转移支付方式进行统一补偿。

按照"谁有责谁赔偿""谁受益谁补偿"的原则,生态补偿主体应根据利益相关者在特定生态保护/破坏事件中的责任和地位加以确定。根据我国的实际情况,政府补偿机制是目前开展生态补偿最重要的形式,也是目前比较容易启动的补偿方式。河流生态补偿的主体为受益地的市(州)、县(市、区)人民政府。政府补偿机制是以国家或上级政府为实施和补偿主体,以区域、下级政府、单位或农民为补偿对象,以国家生态安全、社会稳定、区域协调发展等为目标,以财政补贴、政策倾斜、项目实施等为手段的补偿方式,如财政转移支付、差异性区域政策、生态保护项目实施、环境税费制度等。湖库工程单位和河

道下游受益地区由不同的行政区管理,因此,不能由湖库工程单位直接向下游受益地区索取生态建设补偿费用,只能通过国家或上级政府建立生态补偿基金,然后以财政转移支付形式向湖库工程单位提供生态补偿费用。

(二) 经费来源

县级以上地方人民政府建立生态补偿专项资金。财政部门设立水生态补偿专户。按照财政收入的一定比例提取生态补偿费,建立生态补偿基金。生态补偿资金来源主要包括以下几个方面:

第一,水资源费。《湖北省水资源费征收使用管理实施办法》(鄂财综规〔2009〕7号)第19条规定:"水资源费专项用于水资源的节约、保护和管理,也可用于水资源的合理开发。任何单位和个人不得平调、截留或挪用。因此,水资源费应用于湖库单位水资源调度,湖库及水源地保护和管理。

第二,排污费。《湖北省排污费征收使用管理暂行办法》(省政府令第310号)第17条规定:"排污费纳入财政预算,列入环境保护专项资金进行管理,主要用于下列项目的拨款补助或者贷款贴息:(一)重点污染源防治;(二)区域性污染防治;(三)污染防治新技术、新工艺的开发、示范和应用;(四)监控、信息、监察、监测、宣教、环保科研等能力建设;(五)国务院和省人民政府规定的其他污染防治项目。"根据该规定,排污费应用于重点污染源和区域性污染防治。

第三,企业缴纳的生态补偿金。湖库工程单位向污染河道实施生态补水后,应主要由排污企业补偿,向企业征收生态补偿金。生态补偿金征收对象主要是那些对生态环境造成直接影响的企业。

第四,财政预算安排。各市(州)、县(市、区)人民政府安排生态环境保护专项补偿资金,财政部门设立水生态补偿专户。补偿资金做到专款专用,统筹用于该区域湖库工程生态供(排)水的补偿和水环境质量的改善。把环境财政作为公共财政的重要组成部分,加大财政转移支付中生态补偿的力度。按照财政收入的一定比例提取生态补偿费,建立生态补偿基金。湖库工程单位和河道下游受益地区由不同的行政区管理,因此,不能由湖库工程单位直接向下游受益地区索取生态建设补偿费用,只能通过国家或上级政府建立生态补偿基金,然后以财政转移支付形式向湖库工程单位提供生态补偿费用。

第五,社会资本捐赠及个人捐助。

第六,上级专项补助。

(三) 补偿标准

实施生态补水的水价标准,参照价格主管部门核定的农业供水水价标准执行。法律、法规对生态补偿标准有新的规定的,从其规定。生态补偿标准的确定一般参照以下四方面的价值进行初步核算:

第一,按生态保护者的直接投入和机会成本计算。制定补偿标准需全面考虑湖库工程单位、受益地区经济社会发展水平等多种因素;生态环境保护的成效;湖库工程单位实施生态补水的直接成本、间接成本,包括人财物的投入和消耗;湖库工程单位保护和建设生态环境的机会成本,主要是湖库工程单位为保护生态环境所放弃的本来能够得到的经济收入,如放弃工业供水等。

第二,按生态受益者的获利计算。通过市场交易来确定补偿标准简单易行,同时有利于激励生态保护者采用新的技术来降低生态保护的成本,促使生态保护的不断发展。

第三,按生态破坏的恢复成本计算。资源开发活动会造成一定范围内的植被破坏、水土流失、水资源破坏、生物多样性减少等,直接影响到区域的水源涵养、水土保持、景观美化、气候调节、生物供养等生态服务功能,减少了社会福利。因此,按照"谁破坏谁恢复"的原则,需要通过环境治理与生态恢复的成本核算作为生态补偿标准的参考。

第四,按生态系统服务的价值计算。由于在采用的指标、价值的估算等方面尚缺乏统一的标准,且在生态系统服务功能与现实的补偿能力方面有较大的差距,因此,一般按照生态服务功能计算出的补偿标准只能作为补偿的参考和理论上的限值。参照上述计算,综合考虑国家和地区的实际情况,特别是经济发展水平和生态破坏,通过协商确定补偿标准;最后根据生态保护和经济社会发展的阶段性特征,与时俱进,进行适当的动态调整。生态补偿标准的制定较复杂,现阶段实施生态补水,参照价格主管部门核定的农业供水水价标准来执行,简便易行。

(四) 补偿对象

承担生态补水的下列组织为补偿对象,可以获得政府生态补偿:

第一,湖库工程管理单位。包括湖泊管理单位、水库管理单位。如省漳河工程管理局向沮漳河实施生态补水。

第二,泵站管理单位。包括泵站管理处、泵站管理站等。如省田关泵站工程管理处多次无偿利用泵站提汉江水改善东荆河水质。

第三,河道管理单位。包括河道管理局、河道管理处等。如湖北省汉江河道管理局无偿启用涵闸引汉江水改善通顺河水质。

第四,其他组织。本项为兜底规定,包括上述单位以外的、向河道实施了生态补水的组织(单位)。

(五) 补偿费使用范围

生态补偿费专项用于湖库工程等有关管理单位的水环境保护,使用范围包括:

第一,法律法规规章的宣传教育培训;

第二,湖库管理信息化建设;

第三,湖库工程管护;

第四,生态文明制度体系建设以及相关研究;

第五,水污染应急事件处置;

第六,饮用水水源保护和管理;

第七,湖库工程巡查与执法等。

（六）运行机制

水利、财政部门负责湖库工程生态供（排）水补偿资金的核实、拨付、管理等工作。审计、物价、环保等部门按照各自职责，做好相关监督工作。生态补偿资金的申请、审批和拨付，执行以下流程：

第一，根据国家有关政策规定，湖库工程单位提出生态补偿金申请，报水行政主管部门防办、财务处等业务处室初审。

第二，各业务处室对生态补偿资金申请进行初审后，以水行政主管部门名义送环保部门会签。

第三，环保部门会签后，由水行政主管部门送财政部门复核。

第四，财政部门相关处室提出意见、建议，上报办公会审定。

第五，复审通过后，由财政部门在生态补偿专户资金中拨付，将资金划拨湖库工程单位账户。具体流程为：数据获取—数据核实—湖库工程管理单位申请—水行政主管部门初审—环保部门会签—财政部门审核、拨付。

附 录

2015 年湖北省水资源可持续利用大事记

湖北省开通环保举报热线

　　自 2015 年 1 月 1 日起,湖北省正式开通环保举报热线"027—12369"。为充分发挥"12369"环保举报热线和舆论监督作用,省环保厅制定了《湖北省"12369"环保微信举报工作管理暂行规定》《举报说明》《环保微信举报受理单》《微信举报答复规范》《12369 环保微信举报平台使用规定》。同时,武汉市江岸等区为了方便市民举报,开通了微信公众号,市民可通过微信平台向区环保局举报,是对 12369 热线的良好补充。

武汉市通过最严湖泊保护条例

2015年1月9日,武汉市人大常委会表决通过了新修订的《武汉市湖泊保护条例》。该条例自2002年3月开始实施后已进行了3次修改,这是范围最广、力度最大的一次修订,新条例被誉为"最严湖泊保护条例"。修订内容主要包括:

1. 重新核定湖泊"家底"

武汉素来有"百湖之市"的美称。本次纳入湖泊保护条例附录的湖泊数量为166个,并一一标明了各个湖泊的名称、位置和面积。

在《条例》修订期间,市水务部门按照要求抓紧工作,根据最新的资料核定了全市湖泊的"家底":在166个湖泊中,超过100公顷的湖泊有68个,超过1000公顷的湖泊有17个。其中,面积最大的是跨越江夏区、东湖新技术开发区的梁子湖,面积17452.4公顷;面积最小的是位于江汉区的小南湖,面积为3.5公顷。

《条例》附录显示,蔡甸区拥有湖泊28个,其中百公顷以上湖泊14个,二者数量均居各城区之首。

2. 涉及生态底线调整应先报市人大审议

本次修订,对涉及湖泊水域的建设行为作出更加严格的规定:建设防洪、改善修复水环境、生态保护、道路交通等公共设施,应当进行环境影响评价;涉及生态底线区调整的,应当事先报市人大常委会审议;市水行政主管部门对占用湖泊水域申请进行审查时,应当组织听证,听取周边居民和有关专家的意见;在报市政府批准前,应将有关事项向社会公示。湖泊保护实行政府行政首长负责制;

新《条例》规定区人民政府应当按照湖泊保护规划要求,逐湖制定湖泊保护办法,明确措施和责任;市水行政主管部门应当组织实施湖泊状况普查,建立湖泊档案,并向社会公布,方便公众查阅;严禁任何单位和个人填湖;禁止填占湖泊造园造景等。

4. 对破坏湖泊行为可"按日连罚"

新《条例》对破坏湖泊环境的行为加重了处罚力度。《条例》规定:对在湖泊水域使用汽油、柴油等污染水体的燃料逾期不改的,可处2000至1万元罚款;湖泊水域的采石、爆破、倾倒垃圾和渣土等行为最高可罚5万元;对违法填湖、湖泊水域的违法建设最高可罚款50万元。

《条例》还对在湖泊水域围网、围栏、投施肥(粪)养殖或者在湖泊水域养殖珍珠等行为,设置了相应的处罚条款。其中,对向湖泊倾倒有毒、有害物质且拒不改正的,将按照原处罚数额按日连续处罚。

湖北省国家湿地公园全国居首
武汉东湖、荆门漳河新入列

　　国家林业局于 2015 年 1 月批复 20 处国家湿地公园（试点）通过验收，正式成为国家湿地公园。湖北省武汉东湖、荆门漳河榜上有名。据湖北省湿地保护中心介绍，今年湖北省又有环荆州古城、崇湖等 11 处湿地公园成为国家湿地公园试点，加上已有 39 处，国家湿地公园总数达 50 处，数量保持全国首位。

　　湖北省有"千湖之省"美誉，近年来不断推进生态文明建设，强化湿地保护力度，每年晋升国家级的湿地公园在 10 个以上。湖北省湿地保护中心表示，将按国家林业局批复要求，继续坚持保护优先、科学修复、合理利用、持续发展的原则，加强对湿地的保护和恢复，逐步扩大湿地面积，提高湿地生态系统服务功能；充分发挥湿地公园的宣教功能，提高全社会湿地保护意识；加强科研监测工作，为有效保护和合理利用湿地资源提供科学依据；强化对湿地公园的指导和监管，防止重开发、轻保护、轻宣教、轻科研监测，以及国家湿地公园建设中出现的城市园林化倾向。

湖北省丹江口水库水源保护区划定

　　2015年1月，湖北省政府批准印发《南水北调中线工程丹江口水库饮用水水源保护区（湖北辖区）划分方案》，并自1月26日起实施。

　　《方案》划分范围包括南水北调中线工程丹江口水源及南水北调中线工程丹江口水源保护区范围内十堰市县级以上集中式饮用水水源。该方案将湖北省南水北调中线工程丹江口水源按照一级、二级和准保护区进行了划分，并规定如饮用水水源保护区重叠，重叠部分按高一级保护区要求管理。

　　《方案》规定，在饮用水水源保护区内，禁止设置排污口；禁止在饮用水水源保护区内堆放、贮存可能造成水体污染的固体废弃物和其他污染物。同时对饮用水水源一级、二级和准保护区内禁止从事的活动进行了明确。各有关市、县人民政府对本辖区内饮用水水源的环境质量负责。

《湖北省湖泊志》出版

2015 年 1 月 29 日,湖北省政府新闻办公室新闻发布会宣布,《湖北省湖泊志》正式出版发行。

该书分上、中、下三册,共计 275 篇,500 万字,涵盖了列入保护名录的 755 个天然湖泊和 6725 座人工湖泊(水库),对其自然概况、历史变迁、自然和人文景观、保护与管理等进行了全方位记录,既是一部记载湖北重要湖泊自然、地理和历史的百科全书,又是一部描述湖北湖泊保护、开发和利用状况的人文著作。

《湖北日报》为唤醒人们的湖泊保护意识,连续两年推出大型系列报道《千湖新记》,真实客观生动地描述了湖泊与人的相互依存关系,既包含深情赞美,又充满忧患警世,共刊发 93 期,对《湖北省湖泊志》的形成颇有贡献。目前《千湖新记》已结集出版,与《湖北省湖泊志》交相辉映。

湖北省素称"千湖之省",20 世纪 50 年代 100 亩以上的湖泊有 1332 个,50 多年来随着工业化、城镇化进程的加快,湖泊急剧减少了 40%以上,尤其是"城中湖"消失明显。盛世修志,载之史册,传之后世,该志的出版旨在倡导亲湖、爱湖、惜湖、护湖、兴湖意识,为强化湖泊保护营造正能量,践行可持续发展治水思路,推进水生态文明建设,确保湖北省湖泊"面积不萎缩,数量不减少,水质不恶化"。

湖北省试点设立五个环保审判庭

　　湖北省高级人民法院副院长田昌兵在省两会新闻发布会上透露,湖北省高级人民法院下发《关于全省法院环境资源审判模式与管辖设置方案的通知》,规定由武汉海事法院与汉江中级人民法院对全省公益诉讼案件实行跨行政区域审理。这标志着湖北省从此有了环保案件的专门审判庭。湖北省已在武汉、宜昌、十堰、汉江和武汉海事法院等5个中级人民法院试点设立专门的环境资源审判庭(以下简称环保审判庭),专审环保诉讼案。

　　据了解,环保诉讼案分公益诉讼和非公益诉讼两类。环保审判庭成立后,湖北省所有环保公益诉讼将由武汉海事法院和汉江中院集中审理,其中武汉海事法院负责其管辖的省内长江、长江支流水域水污染损害等环境公益诉讼案件的审判,汉江中院负责审理其余环境公益诉讼案件,包括大气、土地、湖泊、水库、森林、湿地、自然保护区、风景名胜区的环境污染、生态破坏案件。

　　对于环保非公益诉讼,设有环保审判庭的武汉、宜昌、十堰、汉江四地中级人民法院,采取民事、行政"二审合一"模式,审理本辖区内水域、土壤、山林保护、污染责任纠纷、损害赔偿,因污染发生行政争议而引起的行政诉讼等方面的普通环境保护类一审民事、行政案件,以及辖区基层法院的普通环境保护类民事、行政上诉案件。武汉海事法院新设立的环保审判庭审理其管辖范围内长江、长江支流水域涉及环境保护的一审环境资源保护类民事案件。其他未设专门环保审判庭的中院,由各自成立的环境资源审判合议庭审理本辖区普通环境资源保护类一审民事案件及其辖区基层法院的普通环境资源保护类民事上诉案件。

湖北省通过
《关于农作物秸秆露天禁烧和综合利用的决定》

2015 年 2 月 1 日,《湖北省人民代表大会关于农作物秸秆露天禁烧和综合利用的决定》经湖北省十二届人大三次会议表决,以高票通过。这是全国范围内首次在人民代表大会上审议决定秸秆露天禁烧和综合利用相关问题。该《决定》于 2015 年 5 月 1 日起实施。湖北省行政区域内全面禁止露天焚烧农作物秸秆,并推进其综合利用,以促进环境保护和资源节约。

湖北省环境保护委员会召开全会
落实《湖北生态省建设规划纲要》

2015 年 2 月 27 日,湖北省环境保护委员会全体会议在武汉召开,贯彻落实全国十八届四中全会、中央经济工作会议和湖北省委十届五次全会暨全省经济工作会议精神,听取湖北省环委会成员单位 2014 年工作述职,安排部署生态省建设及 2015 年环境保护工作。

湖北省环境保护委员会主任、省长王国生在会上强调,生态省建设是生态文明建设的重要抓手,要准确把握新常态下发展的新变化新要求,坚持用系统思维、底线思维、法治思维和改革思维推动生态省建设,让广大人民群众充分享受生态文明建设成果。

王国生指出,《湖北生态省建设规划纲要(2014—2030 年)》,是推进湖北省生态文明建设的指南,一定要立足当前,着眼长远,统筹推进生态省建设各项重点工作,把生态省建设规划纲要运用好、落实好。一要紧扣实施路径。按照近期中期远期相结合、突出近期的原则,组织实施一批、建成一批、储备一批重大生态项目,一项一项狠抓落实,力争每年集中解决一些生态省建设中的突出问题。二要强化发展支撑。全面落实主体功能区战略,大力推进节能减排,加快发展资源节约型和环境友好型产业,将优化经济结构贯穿于生态省建设全过程,将有限的资源环境容量配置到最需要发展、最能带动全局发展、最能促进快速发展的区域和行业。三要坚持实绩检验。打好大气污染防治攻坚战,严格水资源开发利用红线管理,全面加强水环境保护,治理修复土壤污染,推行清洁种植和清洁养殖,做到生态受保护、群众得实惠。四要用好法治方式。加强执法能力建设,制定和执行更加严格的生态环保标准,为生态省建设保驾护航。他强调,要落实党政"一把手"的环保责任,完善工作机制,强化考核评估,加强资金保障,打好生态省建设这场攻坚战和持久战。

湖北省环境保护委员会副主任、常务副省长王晓东主持会议。省环境保护委员会副主任、副省长曹广晶作工作报告。省政府秘书长王祥喜出席会议。

湖北省发布生态文明建设考核办法

　　湖北省于 2015 年 2 月 27 日发布《湖北生态文明建设考核办法(试行)》,各地政府和省级各部门生态文明建设做得好不好,有了具体的评价标准。考核结果将成为相关领导干部选拔任用和安排各类生态文明补助资金的重要依据。

　　评分采用百分制,涉及组织领导、保障机制、日常工作、综合水平、重点任务和附加考核六大部分,其中权重最重的就是综合水平,即地区生态环境质量和反映生态文明综合水平的重要指标,包括森林覆盖率、碳排放强度下降率、万元 GDP 能耗下降率、地表水环境功能区水质达标率、PM10 和 PM2.5 浓度下降率、秸秆综合利用率等 24 项,均与群众生活息息相关。

　　而附加考核中规定,如果因监管不力、失职渎职造成重特大环境污染、生态破坏和因环境问题引起的重大群体性或群访事件,或者辖区内发生环境污染责任事故、较大环境违法事件和生态破坏事件,最高可扣 10 分。

湖北省召开 2015 年度环保工作会议
全面推进生态省建设

2015 年 3 月 3 日,湖北省召开了全省环境保护工作会议。2015 年,湖北省将围绕年初通过的《湖北省生态建设规划纲要》,秉承"绿色决定生死"理念,全面推进生态省建设,持续改善环境质量。

2014 年,湖北省环保系统践行"三维纲要"(绿色决定生死、市场决定取舍、民生决定目的),各项工作均取得了显著成绩。生态省建设顶层设计建立完善,生态环保改革不断深入,污染防治取得积极成效,污染减排年度任务顺利完成,环保优化发展水平明显提升,环境执法和风险防控更加有力,环保基础能力逐步提升,环保队伍作风建设成效显著,全省生态环境质量总体保持为"良好"。

湖北省环保厅厅长吕文艳在会上指出,2015 年是全面深化改革的关键之年,是全面推进依法治国的开局之年,是全面完成"十二五"环保规划的收官之年,也是全面实施新环保法和生态省建设规划纲要的第一年,建设美丽湖北的任务既艰巨繁重。

吕文艳强调,湖北省 2015 年环保工作的主要目标有四个:全面完成"十二五"污染减排任务,打好决胜战;完成国家下达给湖北省的空气、水的考核任务,全省地表水水质达到 III 类以上的比例高于 83%,县级以上城市集中式饮用水源水质达标率高于 95%;生态环境指数保持良好;确保不发生重特大环境污染责任事故。

吕文艳要求,2015 年全省环保部门要围绕八个具体目标来完成今年全省环保工作主要目标。

一是围绕实施生态省的战略,全面建立健全领导、考核、资金投入三大机制,全面推动细胞工程创建,实施全省生态文明示范区创建"三个一"计划,推动生态县、生态乡镇、生态村创建活动扩面提质,目标是 10 个县(市、区)获得省级生态县命名或通过技术评估,100 个乡镇获得省级生态乡镇命名,1000 个村获得省级生态村命名。

二是围绕解决环境民生问题,继续着力于三大行动,强化大气污染防治、水污染防治行动计划、土壤污染防治,切实改善城乡人居环境,持续改善环境的质量。

三是围绕新《环保法》和国务院 56 号文件的实施,着力实行对环境违法行为、对环保土政策、对环保不作为乱作为三个"零容忍"和对辐射环境、对固废危废、对环境应急三个"强化",保持高压态势,重拳出击,以铁的手腕实行史上最严的《环保法》,严厉查处一切环境违法行动,切实维护环境安全。

四是围绕打好"十二五"污染减排决胜战,提升环境承载能力。通过考核、督查、公告、约谈等制度,完善各项措施政策,发挥减排在改善环境质量方面的作用。

五是围绕优化经济发展,着力加强和健全环评、排污许可、排污费等三项制度,强化环境监管,把好环境准入关。

六是围绕生态文明体制改革,通过环境行政体制改革、地方环保地方立法、建立完善生态文明制度等方面,增强保护环境的内生动力,深化生态环保领域改革。

七是围绕加强基础能力建设,着力加强环保宣教、信息、规划和科研四个方面的基础工作,积极提升环保服务水平。

八是围绕"三严三实",深入推进环保系统干部队伍作风建设。加强环保系统自身建设,推动党员干部作风转变,确保全面完成"十二五"环保工作任务,推动湖北生态环保事业不断向"走在前列"目标迈进。

湖北省推行湖泊保护行政首长年度目标考核

湖北省人民政府办公厅于 2015 年 3 月向全省各市、州、县人民政府、省政府各部门印发了《湖北省湖泊保护行政首长年度目标考核办法(试行)》,自发布之日起实施。该《办法》共 5 章 23 条,适用于湖北省人民政府对各市(直管市、林区)人民政府湖泊保护工作行政首长责任和年度目标完成情况的考核。

该《办法》规定,湖泊保护实行政府行政首长负责制。县级以上地方人民政府是本级行政区域湖泊保护的责任主体,政府主要负责人对本行政区域湖泊保护工作负总责。对湖北省政府办公厅公布的保护名录中的 755 个湖泊,按省管、市管、县管三个层级划分。省政府相关行政主管部门按照《湖北省湖泊保护条例》等法规和部门"三定"规定,履行湖泊保护相关职责。水行政主管部门要切实履行湖泊保护主管部门职责,做好湖泊状况普查、省管湖泊保护规划编制、湖泊水功能区划编制、湖泊水质监测和水资源管理、涉湖工程监管、湖泊水生态修复及湖泊防汛水利设施建设等工作。

该《办法》规定,湖北省人民政府对各市人民政府湖泊保护工作的考核,由湖北省水利厅会同有关部门具体组织实施。目标考核实行百分制,按《湖北省湖泊保护行政首长年度目标考核评分表》逐项考核计分,目标考核结果分为优秀、良好、合格、基本合格和不合格五个等次。每年 3—4 月,省水利厅会同有关部门对各市人民政府自查报告进行核查,对各市进行现场考核,划定考核等级,形成考核报告,经湖北省人民政府审定后向社会公告。

当年在湖泊保护工作中,单项工作亮点突出、成效显著的,由湖北省水利厅相关部门予以加分奖励,最多不超过 5 分。当年发生湖泊数量减少、单个湖泊人为减少面积 2% 以上、辖区湖泊水质低于上年现状水平 1 个等次的,直接评定为不合格,并责令限期恢复。逾期未恢复的,对有关责任人实行问责。

关于考核奖惩,该《办法》规定,经湖北省人民政府审定的考核结果,交由组织(人事)部门,作为各市人民政府主要负责人、分管负责人和部门负责人任免、奖惩的重要参考依据。湖北省人民政府定期通报考核情况,对考核结果为优秀的市人民政府,湖北省有关部门对该市在相关项目、计划、投资和资金安排上予以优先考虑、重点倾斜。对在湖泊保护和管理工作中取得显著成绩的单位和个人,按照国家及湖北省有关规定给予表彰奖励。考核结果为不合格的市人民政府,在考核结果公告 1 个月内,向省人民政府作出书面报告,提出整改措施,限期整改。整改不到位的,对有关责任人实行问责。湖北省人民政府对保护湖泊不力的市人民政府主要负责人实行约谈。

湖北省投资 460 亿保护汉江生态

2015 年 6 月,湖北省召开湖北省汉江生态经济带"一总四专"规划发布会,湖北将投资 460 亿元对汉江生态实行环境改造建设,确保一江清水绵延后世。

湖北汉江生态经济带开放开发"一总四专"的规划体系包括《湖北汉江生态经济带开放开发总体规划》,以及湖北汉江生态经济带开放开发生态环保规划、生态水利规划、生态农业规划和生态文化旅游规划。这一规划体系涵盖湖北汉江流域 10 个市(林区)的 39 个县(市、区),面积 6.3 万平方公里,占湖北全省面积的 33.89%,计划将其建设成为长江经济带的"绿色增长极"。

规划实施期为 2013—2025 年,重点实施工业污染防治工程、饮用水水源保护工程、城镇生活污水和垃圾治理工程、规模化养殖污染防治工程、生态红线保护工程以及环境监管能力建设等六大类共计 320 个重点项目,总投资 460.10 亿元。资金筹措立足于国家支持、地方自筹、民间参与和项目引资的方式多渠道筹集。规划目标为,2025 年形成流域水质保持优良、生态环境全面提升、生态经济高效发展、人与自然和谐共处的生态格局,全面建成国家生态文明先行示范区;2035 年形成具有中国特色的流域生态经济体系,整体建成国家可持续发展示范区。

2014 年《湖北省湖泊保护与管理白皮书》发布

　　2015 年 6 月,湖北省政府发布《湖北省湖泊保护与管理白皮书(2014 年)》,本白皮书系湖北省政府第二次组织编制和公开发布。

　　2014 年白皮书指出,2014 年湖泊保护"一湖一勘""一湖一志""一湖一档""一湖一责"基本完成,"一湖一规""一湖一景"等工作顺利推进;湖北省湖泊保护总体规划、湖泊水利综合治理规划、湖泊保护卫星遥感监控系统建设都取得实质性进展,引起全社会的广泛关注。